Hugo Mauricio Jiménez M.
Silvia Rosy Gómez D.

Manuel des pratiques de laboratoire en biotechnologie

Hugo Mauricio Jiménez M.
Silvia Rosy Gómez D.

Manuel des pratiques de laboratoire en biotechnologie

Guides de laboratoire pour la biotechnologie industrielle, la biotechnologie environnementale et la biologie moléculaire

ScienciaScripts

Imprint
Any brand names and product names mentioned in this book are subject to trademark, brand or patent protection and are trademarks or registered trademarks of their respective holders. The use of brand names, product names, common names, trade names, product descriptions etc. even without a particular marking in this work is in no way to be construed to mean that such names may be regarded as unrestricted in respect of trademark and brand protection legislation and could thus be used by anyone.

Cover image: www.ingimage.com

This book is a translation from the original published under ISBN 978-620-2-81400-3.

Publisher:
Sciencia Scripts
is a trademark of
International Book Market Service Ltd., member of OmniScriptum Publishing Group
17 Meldrum Street, Beau Bassin 71504, Mauritius
Printed at: see last page
ISBN: 978-620-3-16284-4

Manuel des pratiques de laboratoire en biotechnologie.

Par :

Prof. Hugo Mauricio Jiménez M.
Microbiologiste, M. Se.

Prof. Silvia Rosy Gómez D.
Bactériologiste, M. Se.

Novembre 2020.

Contenu

Page

Présentation

La microbiologie, en tant que science multidisciplinaire récente qui intègre les avancées biotechnologiques dans des domaines d'étude tels que la médecine, l'environnement et l'industrie, a permis le développement de divers produits microbiologiques d'intérêt biotechnologique d'application tels que la lutte biologique, la biorestauration et la production à grande échelle d'antibiotiques, de vaccins, de médicaments anticancéreux, d'enzymes, de bioinsecticides et de biofertilisants, entre autres.

Il est important de comprendre la biotechnologie du point de vue biologique, environnemental et industriel, ce qui contribuerait au développement d'une capacité scientifique chez les étudiants en sciences biologiques.

De même, notre planète Terre présente une grande biodiversité ; on estime que 15 millions d'espèces ont été classées taxonomiquement dans les principaux groupes : virus, archéobactéries, bactéries, champignons, protozoaires, algues, plantes, nématodes, mollusques, crustacés, insectes, arachnides, oiseaux, amphibiens, reptiles, poissons et mammifères.

En Colombie, un pays méga-diversifié en raison de la variabilité de ses écosystèmes, de son climat, de son sol et de la présence des océans Atlantique et Pacifique sur ses côtes, possède une grande diversité d'oiseaux, de papillons, d'orchidées, de plantes, de reptiles, d'amphibiens et de primates, et la diversité microbienne est très peu connue. C'est pourquoi il est important de mener des études qui permettent de connaître cette diversité, comme ce serait le cas de l'application de micro-organismes tels que les bactéries et les microfongus à des fins biotechnologiques.

La bioprospection est définie comme la recherche d'organismes tels que les archéobactéries, les bactéries, les champignons, les algues, les plantes et les animaux qui présentent un intérêt pour l'humanité d'un point de vue médical, environnemental ou agronomique.

Grâce à l'élaboration de ces Guides pratiques de laboratoire de biotechnologie présentés dans ce manuel, les étudiants pourront intégrer d'autres domaines de connaissances tels que la microbiologie industrielle et environnementale, la morphologie et la physiologie microbiennes, la biologie moléculaire, la biochimie, la biophysique, entre autres, et ils acquerront également des compétences et des capacités dans la manipulation des instruments et des équipements de laboratoire et la manipulation de micro-organismes tels que les bactéries et les microfongus, et aussi de développer des compétences cognitives grâce à la méthodologie de l'apprentissage - faire, et de générer des stratégies d'enseignement pour l'étude de la physiologie et de la biologie des bactéries et des microfungi, qui encourageront l'apprentissage attitudinal et scientifique orienté vers la recherche en biotechnologie, microbiologie industrielle, microbiologie environnementale et biologie moléculaire.

Ce type d'apprentissage cognitif et attitudinal génère chez les étudiants des compétences en matière de recherche et une attitude positive, qui permet un développement intellectuel, scientifique et éthique ; ce type d'enseignement en recherche formative intégrale chez les étudiants sera d'une grande contribution dans leur future vie professionnelle.

Ce manuel de pratiques de laboratoire en biotechnologie contient 10 guides pratiques conçus à partir des expériences professionnelles des auteurs et de l'application des bactéries et des microchampignons. Ils sont faciles à réaliser avec les réactifs et l'équipement d'un laboratoire de biologie de base.

Ces 10 guides pratiques de laboratoire servent de formation scientifique pour les étudiants et les professionnels des sciences biologiques, ainsi que de motivation pour la conception, le développement et la mise en œuvre de projets de recherche en biotechnologie.

Nous espérons que ce Manuel des pratiques de laboratoire en biotechnologie sera à votre goût et très utile dans votre travail de recherche.

Hugo Mauricio Jimenez M.

Introduction

Il existe de nombreuses définitions de la biotechnologie, dont celle de la Convention sur la diversité biologique (Nations unies, 1992), qui indique qu'il s'agit de *"toute application technologique qui utilise des systèmes biologiques et des organismes vivants ou leurs dérivés pour créer ou modifier des produits ou des procédés en vue d'utilisations spécifiques"*, qui est appelée "biotechnologie moderne" mais celles qui sont réalisées depuis des milliers d'années comme les processus de fermentation par des micro-organismes pour la production d'aliments tels que la bière, le vin, le pain, le fromage et le yaourt, entre autres, qui sont regroupées dans la "biotechnologie traditionnelle" (Occelli, 2013).

Comme on peut le constater, depuis ses débuts, la biotechnologie a été présente tout au long de l'histoire de l'humanité avec un impact social, environnemental et économique, et elle est toujours un élément constitutif de la culture du XXIe siècle. En Colombie, le Programme national de biotechnologie contribue à "l'*augmentation du développement, du bien-être et de la compétitivité économique basée sur la connaissance, la protection et l'utilisation des* (Minciencias,
2020).

En outre, la biotechnologie en tant que science multidisciplinaire contribue à l'appréhension de contenus disciplinaires actualisés liés à la biodiversité, ainsi qu'au renforcement et au développement des compétences scientifiques, attitudinales, procédurales, évaluatives et métacognitives.

L'objectif du "Manuel des pratiques de laboratoire en biotechnologie" est de créer une culture de recherche en biotechnologie en montrant des méthodologies faciles à mettre en œuvre à l'aide de bactéries et de microchampignons. Il contient 10 Guides pratiques de laboratoire qui se composent de : introduction, objectifs, matériels et réactifs, méthodologie, questionnaire et bibliographie.

Nous pensons que ce matériel contribuera non seulement à la formation scientifique des étudiants et des professionnels, mais aussi à la motivation pour la conception, le développement et la mise en œuvre de projets de recherche dans divers domaines de la biotechnologie.

Dans le domaine de la biotechnologie industrielle, les Guides pratiques de laboratoire : Production d'acide *acétique par les* bactéries *Acetobacter* sp et *Gluconobacter* sp, Fermentation acide-lactique : production de yaourt et Fermentation alcoolique : production de vin, Criblage *in vitro* des cellulases de *Penicillium aurantiogriseum,* Tests *in vitro de* production d'amylase avec *Aspergillus fumigatus,* permettront au lecteur de connaître, d'apprendre et d'appliquer les micro-organismes d'intérêt dans la fermentation et la production d'enzymes.
Dans le domaine de la biotechnologie environnementale, les guides pratiques de laboratoire : Essais biologiques de biodégradation du pétrole brut avec *Pseudomonas fluorescens,* Potentiel antagoniste de *Trichoderma harzianum,* Biofertilisants pour l'amélioration de la croissance et du développement du soja, stimuleront le lecteur à connaître et à apprendre sur des sujets liés à la biorestauration, à la lutte biologique et aux biofertilisants.

En biologie moléculaire, les Guides pratiques de laboratoire : Extraction de l'ADN nucléaire de *Saccharomyces cerevisiae* et Extraction de l'ADN plasmidique de *Pseudomonas fluorescens* permettront au lecteur de s'informer sur les techniques d'extraction de l'ADN des microorganismes.

Par conséquent, notre principal objectif dans ce Manuel des pratiques de laboratoire en biotechnologie est de créer une culture de recherche en biotechnologie montrant certaines méthodologies par l'application de bactéries et de microchampignons, et qui sont faciles à réaliser et peuvent être appliquées à différents domaines de recherche.

Bibliographie

Mincies. Programme national de biotechnologie de Colciencias. 2020 http://www.colciencias.gov.co/node/1 133

Nations Unies. 1992. *Convention sur la diversité biologique.* Rio de Janeiro-Brésil : Nations unies. Disponible à l'adresse suivante : http://www.cbd.int/convention/articles/?a=cbd-02

Occelli, M. 2013. L'enseignement des biotechnologies à l'école : contributions et réflexions didactiques. Journal du Bulletin Biologique n° 27 - année 7 P. 9-13.

Production d'acide *acétique* par *Acetobacteria* sp et *Gluconobacter* sp.

Par : Hugo Mauricio Jimenez M.

Introduction

L'acide acétique, également appelé acide éthanoïque ou acide méthylènecarboxylique, est un acide organique comportant deux atomes de carbone, et se trouve sous forme d'ion acétate. Sa formule est CH3-COOH (C2H4O2), et c'est le groupe carboxyle qui donne à la molécule ses propriétés acides. Il s'agit d'un acide présent dans le vinaigre, qui produit son goût et son odeur aigre (Speight, James G. 2002).

L'acide acétique est produit par la fermentation de divers substrats, tels que les solutions d'amidon, les solutions de sucre ou les produits alimentaires alcoolisés comme le vin ou le cidre, au moyen de bactéries d'acide acétique. Cet acide acétique est obtenu par synthèse et par fermentation bactérienne, et il fournit 10 % de la production mondiale. Les 75% obtenus dans l'industrie chimique sont préparés par carbonatation du méthanol (Speight, James G. 2002).

Les bactéries de l'acide acétique sont naturellement présentes dans les raisins, elles peuvent résister aux conditions de vinification et atteindre la maturation du vin avec un métabolisme actif. Ces bactéries sont de grands producteurs d'acide acétique et d'acétaldéhyde, ce qui augmente l'acidité volatile du vin et nécessite de l'oxygène pour se développer ; les processus qui oxygènent le vin favorisent la croissance et le métabolisme de ces bactéries (Hernández, I & f. Barbero 2008).

Les bactéries de l'acide acétique réalisent l'acétification des produits fermentés grâce à leur capacité d'oxyder l'alcool en acide acétique. Ces bactéries sont importantes dans l'industrie du vin car elles peuvent modifier les caractéristiques organoleptiques et la qualité du vin en oxydant l'alcool éthylique en acide acétique.

Les bactéries de l'acide acétique (BAA) appartiennent à la famille des *Acetobacteriaceae* ; elles sont incluses dans le groupe des a-Proteobacteria. Ce sont des micro-organismes Gram-négatifs, ellipsoïdaux ou cylindriques que l'on peut trouver isolés, par paires ou formant des chaînes. Ils sont mobiles par flagellation polaire ou pertrique. Ils présentent une activité catalase positive, une oxydase négative et ne forment pas d'endospores. Ils utilisent l'oxygène comme accepteur final d'électrons, ils ont donc un métabolisme aérobie strict, avec l'oxygène comme accepteur final d'électrons (Gerard, L. 2015).
L'oxydation de l'éthanol en acide acétique est la caractéristique la plus connue des bactéries de l'acide acétique. Ce processus biochimique comprend deux étapes : dans la première, l'éthanol est transformé en acétaldéhyde par l'enzyme alcool déshydrogénase (ADH) et ensuite, l'acétaldéhyde est transformé en acide acétique par l'enzyme acétaldéhyde déshydrogénase (ALDH) (Gerard, L. 2015).

Certaines bactéries peuvent produire de fortes concentrations d'acide acétique, jusqu'à 50g/L (Gerard, L. 2015), cette caractéristique est très importante pour l'industrie du vinaigre.

14

Les bactéries de l'acide acétique des genres *Acetobacter, Gluconobacter et Gluconacetobacter* peuvent être utilisées pour le développement d'une culture pour l'oxydation des moûts alcoolisés obtenus à partir de fruits, afin d'obtenir de l'acide acétique (Gerard, L. 2015). Au niveau industriel, les bactéries de l'acide acétique ont une importance industrielle dans la production de vinaigre (acide acétique).

La transformation du jus d'ananas en acide acétique, est un processus biotechnologique qui se produit par deux fermentations successives ; alcoolique et acétique.

Lors de la fermentation alcoolique, la levure Saccharomyces *cerevisiae* transforme le saccharose en éthanol, un processus anaérobie plus efficace grâce aux caractéristiques biochimiques de l'ananas. Ensuite, les bactéries *Acetobacter* sp et *Gluconobacter* sp oxydent l'éthanol et produisent de l'acide acétique, par un processus aérobie.

Selon General Microbiology, 2008-2009, cité par Bernal, C & L. Cortes, 2010) d'autres méthodes de production d'acide acétique sont :

Méthode d'Orléans : elle consiste à remplir un quart de fût en bois utilisé pour la maturation du vin avec du vinaigre frais obtenu par fermentation d'*Acetobacter* sp et de *Gluconobacter* sp qui fournit un inoculum frais, puis à ajouter la boisson alcoolisée fermentée, à laisser le récipient ouvert pour qu'un échange d'oxygène ait lieu, le processus prend plusieurs semaines et l'efficacité dépend de la disponibilité de l'oxygène.

Méthode des bulles : il s'agit d'un processus de fermentation submergé dans lequel l'oxygène est fourni par un processus de bulles d'air. La vitesse d'ajout de l'éthanol est réglementée pour permettre une conversion efficace en vinaigre, atteignant une production de 98%.

Certaines applications de l'acide acétique selon www.ecured.cu/Acido_acetico sont :

- Utilisé comme un condiment
- Il est utilisé dans la fabrication d'esters ou d'essences.
- Fixateur de couleurs
- Solvant
- Matière première pour l'obtention d'acétone, d'acétates, d'aspirine et d'autres dérivés
- En apiculture, il est utilisé pour contrôler les larves et les œufs des parasites de la cire.
- Production d'acétate de sodium et comme agent d'extraction d'antibiotiques.
- Comme bactéricide.
- Neutralisant et dans les procédés de teinture dans l'industrie du textile et du cuir.
- Comme agent acidifiant et pour la préparation d'esters de fruits dans l'industrie alimentaire.
- Ingrédient d'insecticide.

Objectifs

- Effectuer une fermentation pour la production d'éthanol à partir de jus d'ananas fermenté en utilisant la *levure Saccharomyces cerevisiae*

- Observez la production d'éthanol par *Saccharomyces cerevisiae*.

- Effectuer une fermentation pour la production d'acide acétique à partir de jus d'ananas fermenté en utilisant les bactéries *Acetobacter* sp et *Gluconobacter* sp

- Observez la production d'acide acétique par *Acetobacter* sp et *Gluconobacter* sp.

- Développer les compétences en matière de manipulation des instruments de laboratoire

Matériels, réactifs et équipements.

- Levure active de la levure : *Saccharomyces cerevisiae*.

- Cultures pures d'*Acetobacter* sp et de *Gluconobacter* sp

- L'eau est distillée de manière stérile.
- Asa
- Dark Jars.
- Le saccharose.
- Bande pH.
- Jus d'ananas.
- Échelle.
- L'alcootest.
- liège ou gaze et coton

Méthodologie de

production de

l'éthanol :

1. Dans des bouteilles foncées, ajoutez un litre de jus d'ananas, puis 5 g de levure active de levapan et 10 g de saccharose, secouez bien, couvrez de liège (ou de gaze et de bouchon de coton) et laissez à une température moyenne de 20 °C pendant 7 jours.

2. Après 7 jours, placez les 1000 ml de la culture dans un tube à essai de 1000 ml et mesurez le pourcentage d'éthanol avec un alcoomètre. Si la production d'éthanol est faible, laissez encore 7 jours et mesurez à nouveau le pourcentage d'éthanol.

3. Chaque fois que vous effectuez l'étape 2, faites la dégustation, le bouquet et la texture de la liqueur.

Production d'acide acétique :

1. Dans les bouteilles sombres d'un litre où s'est effectuée la fermentation alcoolique (production d'éthanol), ajouter 10 ml d'inoculum* des bactéries *Acetobacter* sp et *Gluconobacter* sp, bien agiter, couvrir de liège (ou de gaze et de bouchon en coton) et

laisser à une température moyenne de 20 °C pendant 7 jours.

* Cet inoculum est obtenu en ajoutant 5 ml d'eau distillée stérile dans des cultures fraîches respectivement d'*Acetobacter* sp et de *Gluconobacter* sp dans des tubes à essai inclinés avec libération de gélose nutritionnelle à poignée ronde.

2. Après les 7 jours, mettez la mesure du pH avec un ruban pH et rapportez le résultat.

3. Effectuez la dégustation respective, si elle a un goût de vinaigre, le résultat est positif.

Questionnaire

1. Expliquer la voie métabolique de la production d'éthanol par la glycolyse.

2. Expliquer la voie métabolique de l'oxydation de l'éthanol pour la production d'acide

acétique.

3. Ce bioprocessus de production d'acide acétique est-il à grande ou à petite échelle ? Expliquez pourquoi.

4. Comment un bioprocessus pourrait-il être étendu à la production d'acide acétique ?

5. Voir le nom scientifique de 10 bactéries liées à la production d'acide acétique.

Bibliographie

- Cindy Bernal, Lina Cortes, 2010.
Isolement, caractérisation et conservation des bactéries acides - acétiques à partir de produits fermentés traditionnels. Travail de qualité. Département de biologie - UPN. Colombie.

- Cindy Bernal, Lina Cortes, Hugo Mauricio Jimenez M. 2011.
Isolement, caractérisation et conservation des bactéries acides - acétiques à partir de produits fermentés traditionnels comme outil pédagogique.
BIO - GRAPHIQUES. Vol 4, n° 7-2011, p. 108-111. ISSN 2027 - 1034.

- Gérard, L. 2015. Caractérisation des bactéries d'acide acétique pour la production de vinaigres de fruits. Thèse de doctorat Université nationale d'Entre Rios et Université polytechnique de Valence. Disponible à l'adresse suivante :
https://riunet.upv.es/bitstream/handle/10251/59401/GERARD Date de révision : 06/03/2019.

- Hernández, I & f. Barbero, 2008. Bactéries de l'acide acétique : techniques de détection et d'élimination.
Disponible à l'adresse suivante
http://www.guserbiot.com/pdf/Guserbiot_Viticultura_Bacterias_Aceticas.pdf
Date de révision : 07/03/2019.

- Microbiologie générale. 2008 - 2009. Groupe de recherche en génétique et microbiologie : http://www.unavarra.es/genmic/hall/docencia.htm, cité par Cindy Bernal,

Lina Cortes, 2010.

- Speight, James G. 2002. Chemical Process and Design Handbook. McGraw-Hill Cité dans : Acetic Acid : Disponible à l'adresse : www.ecured.cu/Acido_acetico Date de révision : 05/03/2019.

Fermentation acide-lactique : production de yaourt

Par : Hugo Mauricio Jimenez M.

Introduction

Le yaourt est un aliment très ancien. Les premières traces de son existence remontent entre 10 000 et 5 000 ans avant J.-C., au Néolithique.

L'origine du yaourt se situe en Turquie, bien que certains la situent également dans la péninsule balkanique, en Bulgarie ou en Asie centrale. Son nom vient d'un terme bulgare, iaurt. On pense que sa consommation est antérieure au début de l'agriculture.

Les peuples nomades transportaient le lait frais qu'ils obtenaient des animaux dans des sacs, généralement en peau de chèvre. La chaleur et le contact du lait avec la peau de la chèvre ont favorisé la multiplication des bactéries acides qui fermentent le lait. Le lait est devenu une masse semi-solide et coagulée. Une fois le ferment lactique contenu dans ces sacs consommé, ils étaient remplis de lait frais qui était à nouveau transformé en lait fermenté par les résidus restants.

Le yaourt est devenu l'aliment de base des peuples nomades en raison de sa facilité de transport et de conservation. Ses vertus salutaires étaient déjà connues dans l'Antiquité.

Le yaourt est une forme de lait acide modifié, car sa préparation peut être basée non seulement sur le lait de vache mais aussi sur le lait de chèvre et de brebis, entier, partiellement ou totalement écrémé, préalablement bouilli ou pasteurisé.

Le type de lait utilisé pour sa préparation dépend du lieu où il est fabriqué et consommé. En Amérique centrale, du Nord et du Sud, ainsi qu'en Europe occidentale, la préférence et la production sont basées sur le lait de vache ; en Turquie et en Europe de l'Est sur le lait de chèvre et en Égypte et en Inde sur le lait de buffle.

Aujourd'hui, le yaourt est largement reconnu comme un aliment sain. Les fabricants ont répondu à la croissance de la consommation de yaourts en introduisant de nombreux types de yaourts différents, notamment des yaourts à faible teneur en matières grasses et à 0 %, des yaourts crémeux, des yaourts liquides à boire, des yaourts biologiques, des yaourts pour bébés, des yaourts aux fruits et des yaourts glacés. Les ingrédients de base et leur fabrication sont pratiquement similaires :

- Tout d'abord, le lait cru est transporté de la ferme à l'usine, où il sera transformé.
- Lorsque le lait arrive à l'usine, sa composition est modifiée avant qu'il ne soit utilisé pour faire du yaourt. Le lait est ensuite standardisé en termes d'extrait sec, pasteurisé (à 80 °C) et homogénéisé.
- Une fois les processus de pasteurisation et d'homogénéisation terminés, le lait doit être refroidi à 43-46 °C et la culture de fermentation doit être ajoutée à une concentration d'environ 2 %. Les cultures sont composées de deux bactéries lactiques : *Streptococcus thermophilus et Lactobacillus delbrueckii subsp. bulgaricus,* et *Lactococcus lactis.* Ces bactéries fermentent leur consistance, leur goût, leur arôme et leurs avantages pour la santé, tout en facilitant la digestion.
- Après refroidissement, des fruits, du sucre et d'autres ingrédients peuvent être

ajoutés pour obtenir une grande variété de produits, puis le yaourt est emballé.

- Enfin, le produit est refroidi et stocké à des températures de réfrigération (4 °C) pour sa conservation.

Types de yaourts :

- Dans le yaourt fouetté, le lait est fermenté dans une cuve de fermentation avec un revêtement. Après la fermentation, le contenu est mélangé, et des fruits et des arômes sont ajoutés. On le laisse ensuite refroidir et les produits sont emballés et stockés à des températures de réfrigération.
- Dans le yaourt ferme, également appelé "à la française", le lait est inoculé de ferments et d'autres ingrédients (préparation de fruits, sucre, arômes) sont ajoutés avant l'emballage. Le processus de fermentation a lieu dans les conteneurs pendant la période d'incubation, une fois que le produit a été refroidi et stocké à des températures de réfrigération.
- Le yaourt liquide est un yaourt battu à faible teneur en matières solides totales et est soumis à un processus d'homogénéisation pour réduire sa viscosité. Ensuite, des ingrédients édulcorants, des arômes ou des colorants peuvent être ajoutés et enfin le produit est conditionné en bouteilles.

Pendant la fermentation lactique (production de yaourt), le sucre du lait (lactose) est d'abord transformé en sucres simples, plus précisément en glucose et en galactose, puis converti en acide lactique, ce qui donne une acidité (pH 4,5), qui précipite les protéines (caséines) et concentre le lait, ce qui donne au yaourt sa texture particulière, créant ainsi la texture spécifique du yaourt, en outre, la fermentation lactique produit des peptides, des acides aminés qui donnent au yaourt sa saveur caractéristique.

La composition nutritive du yaourt est basée sur la composition nutritive du lait dont il est dérivé. La composition finale est déterminée par la source et le type de solides du lait ajoutés avant la fermentation, la fermentation lactique et les souches de bactéries utilisées dans la fermentation, la température, la durée du processus de fermentation, le temps de stockage et les ingrédients (comme les fruits) qui peuvent être ajoutés au yaourt.

13

Avantages du yaourt : c'est une source de protéines et de matières grasses du lait. En raison du processus de fermentation bactérienne, le lactose est également fermenté, ce qui signifie que les personnes intolérantes au lactose peuvent consommer du yaourt. En outre, il est riche en calcium et en certaines vitamines B. Elle est également bénéfique pour le système immunitaire, car elle aide à combattre les infections et atténue les effets négatifs des antibiotiques. De plus, il stabilise la flore intestinale et tous les micro-organismes du système digestif. Il favorise l'absorption des graisses, c'est donc un allié contre le surpoids, il est bon pour la peau et combat la diarrhée et la constipation, en plus de faciliter l'assimilation des nutriments et de réduire le cholestérol.

Objectifs

- Effectuer une fermentation acide-lactique du lait en utilisant une culture de *Lactobacillus bulgaricus, Lactococcus lactis,* et *Streptococcus thermophilus.*

- Obtenir la capacité d'analyser une fermentation lactique.

- Développer les compétences en matière de manipulation des instruments de laboratoire

- Potentialiser les compétences cognitives.

Matériels, réactifs et équipements.

- 1 litre de lait.
- Thermomètre.
- Lait en poudre.
- Une grande cuillère.
- Yogourt sans bonbons (culture).
- Fruits ou confitures.
- Gobelets en plastique.
- Réfrigérateur.

Processus général de production de yaourt :

1. Sélection du lait : le lait doit être riche en protéines.

2. Pasteurisation : le but est de concentrer les protéines du sérum, la température idéale est de 88 °C à 95 °C pendant 5 à 10 minutes.

3. Concentration : on ajoute du lait en poudre, on le dissout dans du lait chaud et on ajoute ensuite le yaourt.

4. Culture : composée de bactéries acido-lactiques : *Lactobacillus bulgaricus* et *Lactococcus lactis*. La culture est incubée pendant 2 heures à 44 °C.

5. Semis : après la pasteurisation, le lait est refroidi et la récolte est semée dans la proportion de 3 % en secouant bien.

6. Emballage : il est semé dans des gobelets en plastique et recouvert de vinipel.

7. Incubation : elle est incubée à une température de 42 °C.

8. Préparation de yaourt : des fruits ou des confitures sont ajoutés après incubation.

9. Conservation : laisser au réfrigérateur à 4 °C.

Méthodologie

1. Faites bouillir 1 litre de lait et refroidissez à 60°C.

2. Ajouter 3 cuillères à soupe de lait en poudre, mélanger et refroidir à 42 °C.

3. Ajouter 3 *cuillères à soupe de* yaourt nature (culture de *Lactobacillus bulgaricus* et *Lactococcus lactis*) et mélanger.

4. Ajoutez des fruits ou de la confiture.

5. Servir dans des bouteilles en plastique.

6. Incuber à 44 °C pendant 4 heures.

7. Réfrigérer à 4 °C.

8. Goût, 12 heures après la réfrigération.

Questionnaire

1. Expliquer la voie métabolique de la production d'acide lactique par la glycolyse.

2. Voir le nom scientifique de 3 autres bactéries utilisées dans la production de yaourt.

3. Comment réaliser une mise à l'échelle d'un bioprocessus pour la production industrielle de yaourt ?

4. Consultez les entreprises qui se consacrent à la production de yaourt en Colombie.

Bibliographie

- Lozada, k. 2000. Guides de laboratoire de microbiologie industrielle. Université des Andes. Faculté des sciences. Département des sciences biologiques. Colombie.

Cybergraphie

- Qu'est-ce que le yaourt, disponible à l'adresse suivante : https://www.yogurtinnutrition.com/es/que-es-el-yogur-FAQ/ Date de révision : 12/03/2019.

- Le yaourt, disponible à l'adresse suivante : https://www.zonadiet.com/bebidas/yogurt.htm Date de révision : 12/03/2019.

- Yogourt, disponible sur https://es.wikipedia.Org/wiki/Yogur#cite_note-monografia-7. Date de révision : 12/03/2019.

- Yogourt naturel, disponible sur https://biotrendies.com/lacteos/yogur-natural. Révision : 12/03/2019.

Fermentation alcoolique : production de vin.

Par : Hugo Mauricio Jimenez M.

Introduction

Histoire

La culture de la vigne (*Vitis vinifera sylvestris*) et la production de boissons à base de raisins (sous forme de jus avec sucres ajoutés) étaient déjà pratiquées vers 6 000 et 5 000 avant J.-C., mais ce n'est qu'à l'âge du bronze (3 000 avant J.-C.) que l'on estime que la véritable naissance du vin a eu lieu. Les archéologues ont trouvé des indices qui établissent l'origine de la première récolte de vin à Sumer, sur les terres fertiles du Tigre et de l'Euphrate dans l'ancienne Mésopotamie.

De Sumer, elle a atteint l'Égypte, où elle rivalisera avec la bière qui était brassée dans l'Égypte ancienne (3000 avant J.-C.). Les rives du Nil étaient des terres de culture de la vigne et en volume à ces plantes, toute une activité ouvrière et industrielle s'est développée. Les Égyptiens faisaient fermenter le moût dans de grands récipients en terre cuite et produisaient du vin rouge. Le vin est devenu un symbole de statut social et a été utilisé dans les rites religieux et les festivités païennes. Les pharaons étaient enterrés avec des vases en terre cuite contenant du vin et des gravures ont été trouvées sur les pyramides symbolisant la culture de la vigne, la récolte, la production et la jouissance du vin lors des fêtes et des événements religieux.

L'adaptabilité de la vigne (*Vitis vinifera*) *a* favorisé son expansion dans toute l'Europe occidentale via les routes commerciales, jusqu'en Chine. On pense que la vigne a atteint la péninsule ibérique avant les Phéniciens vers 3000 avant J.-C.

En 700 avant J.-C., le vin arrive dans son processus d'expansion vers la Grèce classique. Les Grecs buvaient du vin lors des rites religieux, des funérailles et des fêtes populaires. Ils attribuaient également une divinité au vin : Dyonysos, qui est toujours représenté avec un verre à la main. Les Grecs ont créé des récipients de différentes tailles pour le stockage du vin : de grandes *amphores,* qui étaient scellées avec de la résine de pin, des *cratères de taille* moyenne, et de petits *aoinojé* et *rhytons*.

Production de vin :

Le type de vin est principalement déterminé par la variété de raisin, ses métabolites secondaires sont la source de l'arôme, de la couleur et du goût du vin. Leur concentration dépend de la
la variété, le microclimat et le plant de vigne. La vigne a besoin d'une alimentation pauvre en azote. Un excès d'engrais azotés peut être négatif pour les composants gustatifs du vin (Wyss, G & Bon van Elzakker, 2005).

Selon l'International Wine Campus, les parties du processus de production du vin sont

-Récolte : c'est la collecte du raisin, par exemple en Espagne elle se fait entre les mois de septembre et octobre. En outre, lors de la récolte, les raisins doivent présenter un état de maturité adéquat afin d'en extraire la meilleure qualité.

- **Eraflage :** dans ce processus, les raisins sont séparés du reste de la grappe, l'objectif étant de séparer les raisins des branches et/ou des feuilles car ils apportent des saveurs et des arômes amers pour la production de vin.

- **Ecrasement :** les raisins sont passés dans une machine à fouler pour briser la peau du raisin, appelée *pellicule,* afin d'en extraire le jus pour faciliter l'étape suivante, mais il ne faut pas trop l'écraser pour éviter de briser les pépins du raisin, ce qui apporterait de l'amertume au vin.

- **Macération** et **fermentation :** Le jus extrait est maintenu à une température contrôlée pendant quelques jours, ce qui lui permet de fermenter et d'acquérir ainsi la couleur souhaitée. Dans ces cuves et grâce à ses propres levures, le processus de fermentation alcoolique commence lorsque le sucre du raisin finit par se transformer en alcool éthylique. Ce processus dure, selon le type de vin, et doit se dérouler à des températures ne dépassant pas 29°C.

- **Pressurage :** comme le produit solide de la fermentation contient encore de grandes quantités de vin après le *décuvage* (action qui consiste à séparer le vin des parties solides du raisin), il est pressé pour en extraire le liquide.

- **Fermentation malolactique :** le vin obtenu au cours des étapes précédentes est soumis à un nouveau processus de fermentation. Ce processus réduit l'acidité du vin et le rend beaucoup plus agréable à boire.

- Vieillissement **: le** processus de maturation, d'élevage ou de vieillissement est l'un des points les plus importants dans l'élaboration d'un vin. Dans ce processus, le vin est introduit dans des barriques afin qu'il acquière des caractéristiques aromatiques qui peuvent être distinguées lors de la dégustation. Dans les barriques, le vin évolue et se développe. Pendant que le vin mûrit dans les fûts, deux autres tâches sont effectuées pour éliminer les impuretés et les sédiments, comme le *soutirage et la* clarification.

- **Mise en bouteille :** le vin évolue et assimile l'oxygène introduit dans la bouteille.
La **fermentation alcoolique** est le processus par lequel une levure, en l'occurrence *Saccharomyces cerevisiae,* produit de l'éthanol à partir d'une source de carbone, le glucose, le fructose et le saccharose étant les plus utilisés, dans des conditions de faible oxygénation, de température moyenne de 20 °C et d'absence de lumière (Jimenez, H. 2013).

Les boissons alcoolisées peuvent être produites à partir de différents substrats tels que les jus de différents fruits enrichis en saccharose par un processus de fermentation à petite échelle. Au cours du processus, le temps doit être normalisé, car sur de longues périodes, l'éthanol se transforme en acide acétique, ce qui produit de l'acidité et endommage la texture et la saveur de la liqueur (Jimenez, H. 2013).

La levure *Saccharomyces cerevisiae* est généralement osmophile, c'est-à-dire qu'elle résiste à de fortes concentrations de sucre et tolère de fortes concentrations d'éthanol, environ 20 %.

Précisément, l'une des limites du Bioprocess est la forte concentration d'éthanol. De nos jours, en améliorant les souches, on obtient des levures qui résistent à des concentrations d'éthanol supérieures à 20%. Une autre limitation est le pH, les valeurs inférieures à 3,5 diminuent la production d'éthanol, il est donc important de ne pas utiliser de fruits acides dans ces processus. La forte concentration de sucres diminue l'efficacité de la fermentation, l'aération augmente la respiration des cellules de levure et détourne le processus de production d'éthanol vers une croissance végétative non fermentative.

Les biocarburants liquides tels que le bioéthanol, qui est un des principaux dérivés de la fermentation de la canne à sucre, sont généralement considérés comme une solution durable aux problèmes énergétiques et environnementaux (Jie et al, 2012).

Dans les bioprocédés de production de bioéthanol, la mise à l'échelle commence par une fermentation par lots, puis une fermentation par lots alimentée, et ensuite elle est amenée à l'usine pilote et une fois normalisée, elle est amenée à la fermentation commerciale (500 000 litres).

Objectifs

- Effectuer une fermentation alcoolique à partir de différents substrats (jus de fruits) en utilisant la levure *Saccharomyces cerevisiae.*

- Obtenir la capacité d'analyser une fermentation alcoolique.

- Développer les compétences en matière de manipulation des instruments de laboratoire
- Potentialiser les compétences cognitives et scientifiques.

Matériels, réactifs et équipements

- Levure active de levure *(Saccharomyces cerevisicie).*
- Dark Jars.
- Le saccharose.
- Bande pH.
- Jus d'ananas.
- Échelle.
- L'alcootest.
- liège ou gaze et coton

Méthodologie

1. Dans des bocaux sombres, ajoutez un litre de jus de fruit de pifia ou de raisin rouge, puis 5 g de levure active de levapan et deux cuillères de sucre (saccharose), secouez bien, couvrez de liège (ou de gaze et de coton) et laissez à une température moyenne de 20 °C pendant 7 jours.

2. Après 7 jours, placez les 1000 ml de la culture dans un tube à essai de 1000 ml et mesurez le pourcentage d'éthanol avec un alcoomètre. Si la production d'éthanol est faible, laissez encore 7 jours et mesurez à nouveau le pourcentage d'éthanol.

3. Chaque fois que vous effectuez l'étape 2, faites la dégustation, le bouquet et la texture de la liqueur.

Questionnaire

1. Expliquer la voie métabolique de la production d'éthanol par la glycolyse.

2. Expliquer l'importance de l'éthanol.

3. Comment procéderiez-vous à un processus de production d'éthanol à l'échelle biologique ?

4. Consultez les entreprises qui se consacrent à la production de vin et de bioéthanol en Colombie.

Bibliographie.

- Jie Sun, Fei Wen, Tong Si, Jian-He Xu et Huimin Zhao, 2012
Conversion directe du xylan en éthanol par des souches de minihemicellulosomes présentant un recombinant de Saccharomyces cerevisiae.
Microbiologie appliquée et environnementale. 78 (11) : 3837 - 3845.

- Jimenez, H.M. 2013. Directives pour les laboratoires de biotechnologie industrielle. Diplôme en biotechnologie (I). Université pédagogique nationale. Faculté des sciences et des technologies. Département de biologie. Colombie.

Cybergraphie

- Histoire du vin : https://www.vinoseleccion.com/saber-de-vinos/historia-del-vino Date de révision : 15/03/2019.

- Wyss, G & Bon van Elzakker, 2005. La production de raisins et la fabrication de vin. Info "Bio
HACCP" Disponible à l'adresse suivantehttp://orgprints.Org/4928/l/14_YINO.pdf Date de   révision :
15/03/2019.

Extraction de l'ADN nucléaire de *Saccharomyces cerevisiae*

Par : Silvia R. Gómez D.

Introduction

La levure *Saccharomyces cerevisiae* est unicellulaire, de forme ovale, sans flagelle, elle appartient au Royaume des champignons et est l'un des principaux organismes modèles pour la compréhension des processus cellulaires et moléculaires chez les eucaryotes. Actuellement, son impact va au-delà de la production d'aliments et de boissons (pain, bière et vin) ; il a été utilisé comme complément alimentaire pour générer une augmentation du poids et de la taille des oiseaux, des bovins et des porcs et pour la production de biocarburant (Vasquez *et al* 2016).L'ADN (acide désoxyribonucléique) est le matériel héréditaire présent dans tous les êtres vivants, contenant les instructions essentielles pour le développement et le fonctionnement de toutes les formes de vie, Chimiquement, c'est une molécule double brin formée par l'union de nucléotides (une base azotée, un pentose et un groupe phosphate par des liaisons phosphodiester (entre un groupe hydroxyle (OH) dans le carbone 3' d'un nucléotide et un groupe phosphate (P04=) dans le carbone 5' du nucléotide entrant) qui est responsable du brin d'ADN et d'ARN. Les brins d'ADN sont liés pour former la chaîne par des ponts d'hydrogène qui lient les bases azotées : Thiamine, Guanine, Adénine et Cytosine, Voir Figure 1. Ce modèle a été proposé par Watson, Crick et Wilkins, en 1953 et est connu sous le nom de "modèle de la double hélice" ; il a été publié dans la revue Nature et décrit ce qui est connu aujourd'hui sous le nom d'ADN-B. Ces chercheurs ont basé leur proposition sur les recherches en diffraction des rayons X rapportées par R. Franklin (Claros, 2003) Le génome haploïde de *S. cerevisiae* est petit, compact avec environ 13 392 kb (à l'exclusion des mitochondries, des plasmides et des virus à ARN) Mb et organisé en 16 chromosomes de tailles allant de 220 kb pour le chromosome 1 à 2352 kb pour le chromosome XII (Madigan, M., et al 2010). À première vue, ce qui est le plus frappant à propos du génome, c'est que 72 % de celui-ci est constitué de gènes, ce qui laisse très peu de place à l'ADN non codant et aux autres éléments fonctionnels (Dujon, B. 1996). L'extraction de l'ADN est l'une des plus anciennes techniques qui aient été réalisées dans le domaine de la biologie moléculaire et remonte à 1869, lorsque Miescher l'a isolé pour la première fois du pus des pansements utilisés chez les patients hospitalisés. Après un simple traitement, il a découvert qu'ils étaient constitués d'un seul produit chimique très homogène et non protéique, qu'il a appelé nucléotide (substances riches en phosphore situées exclusivement dans le noyau de la cellule) (Claros,2003

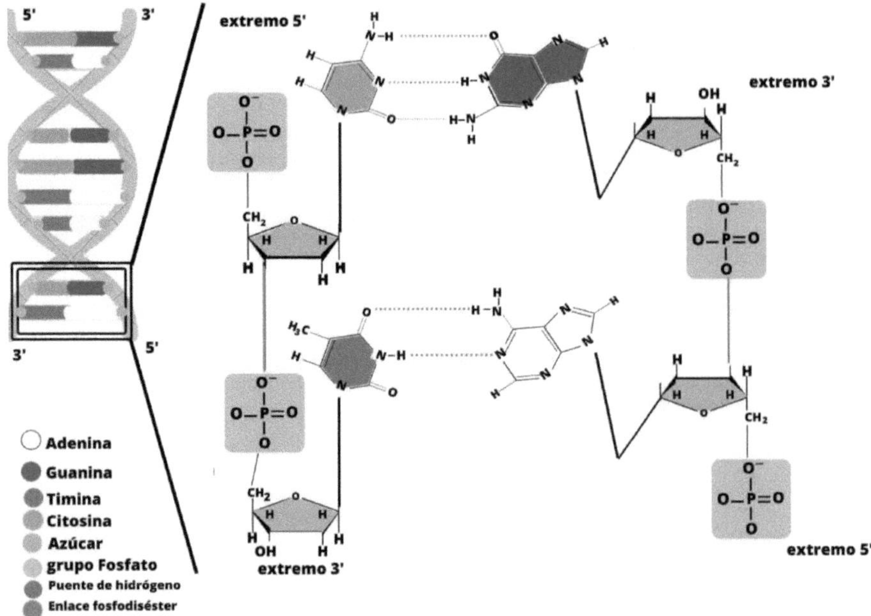

Figure **1** : Structure de l'ADN

 Pour isoler l'ADN des autres composants cellulaires tels que les protéines, les glucides, les lipides et l'ARN, on utilise généralement les mêmes étapes dans tous les organismes avec quelques variations dans les méthodes physiques (macération, température, centrifugation) et chimiques (sel, détergent, enzymes, éthanol, EDTA, Tris, etc.) en fonction du degré de pureté requis pour les procédures ultérieures, de la quantité d'ADN requise, de la quantité d'échantillon disponible et du type d'échantillon.

 Les étapes sont les suivantes :

 1) Homogénéisation et/ou concentration de l'échantillon : lors de la première procédure, les tissus sont brisés, qui se trouvent à l'intérieur d'un mortier et de manière mécanique à l'aide de pistil et de

Des éléments tels que le sable ou l'azote liquide décomposent les cellules ; et avec la seconde, par centrifugation, les cellules qui sont remises en suspension dans un milieu liquide sont concentrées.

2) Lyse cellulaire : consiste en la rupture de la membrane nucléaire, de la cellule et/ou de la paroi cellulaire sans dégradation des acides nucléiques contenus dans la cellule. On utilise une solution de lyse qui se compose EDTA (empêche la dégradation de l'ADN car il piège les ions magnésium présents), TRIS pH 8,0, (maintient le pH de la solution), sel (fragmente la cellule) et détergent comme CTAB, SDS, Triton X-100 ou Sarkosly (brise la barrière lipidique en solubilisant les protéines et en interrompant l'interaction lipide-lipide, lipide-protéine et protéine-protéine, en raison de sa structure particulière).

3)   Élimination des contaminants : Il s'agit de la séparation des acides nucléiques des autres composants cellulaires (protéines, lipides et glucides). Des concentrations élevées de sels, d'enzymes (attendrisseur de viande ou protéines K) ou de solvants organiques (phénol ou chloroforme : alcool isoamylique 24:1) peuvent être utilisées en fonction de la qualité de l'ADN à obtenir.

4)   Précipitation de l'ADN : l'isopropanol ou l'éthanol froid à 96% est utilisé à cette fin, ce qui permet la précipitation de l'ADN lorsqu'il est en présence de sels. Elle est due à l'interaction entre les charges positives du sodium qui a été dissocié de la solution de NaCl et les charges négatives de l'ADN données par les groupes phosphate. Ensuite, les résidus de sel sont éliminés avec de l'alcool froid à 70 %.

Objectifs

- Effectuer l'extraction de l'ADN nucléaire de la levure *Saccharomyces cerevisiae en* utilisant

différents protocoles.

- Potentialiser les compétences cognitives, sociales et verbales.

- Développer les compétences en matière de manipulation des instruments de

laboratoire
- Comprendre le processus d'obtention de l'ADN en tenant compte des différentes méthodes physiques et chimiques utilisées.

Matériels, réactifs et équipements pour le premier protocole

- Levure : Microcentrifugeuse *Saccharomyces cerevisiae* - Incubateur
    - Eppendorf tube rack.
    - Tubes Eppendorf de 1,5 ml
    - Serviettes en papier.
    - Micropipettes de 1000 pL
    - Des astuces bleues pour les micropipettes
    - Eau stérile

-   70% d'éthanol froid
-   Isopropanol 100% froid
-   Marqueur à pointe fine pour tubes
-   Gants en nitrile
-   Lunettes de protection
-   Blouse de laboratoire
-   Allumettes
-   Ice
-   Acétate de potassium (KAc) 5M (pH 4,8)
-   Milieu de culture liquide YPED (extrait de levure 1 %, peptone 2 %, glucose 2 %).
-   B
ain
roug
e -
Micr
osco
pe
-   Diapositives et pages de couverture
-   Solution de lyse de la paroi cellulaire (solution de sorbitol 1M, 0,1M
EDTA, (pH 5), avec 50 unités (U) de l'enzyme Bêta-glucoronidase (Sigma-
Aldrich)
-   Solution avec 50 mM de Tris-HCl, 20 mM d'EDTA (pH 7,4)
-   SDS à 10 %.
-   Plateau à secouer
-   TE (Tris-EDTA pH 7,4)

Matériels et réactifs pour le deuxième protocole (faits maison)

-   1 gobelet de 500 my
-   Tube de faucon de 2 x 50 mi avec couvercle
-   1 mortier avec son pistil
-   1 plaque chauffante ou poêle
-   Une pince à pipe
-   5 grammes de levure sèche.
-   Solution de lyse (10 mi de H2O et 1 gr de barre de détergent)
-   0,8 g de sel commun
-   0,5 gr d'attendrisseur à viande
-   30 mi d'éthanol ou 96% d'alcool
-   De l'eau pour le gobelet.

Méthodologie

**Premier protocole : tiré de Osorio-Cadavid, Esteban ; Ramírez, Mauricio ;
López William Andrés et Mambuscay Luz Adriana (2009)**

1. Laissez les cultures de levure se développer pendant 16 heures en agitation
   (120 rpm) ou jusqu'à ce que plus de 100 millions de cellules/ml soient
   obtenues à 28°C, dans 5 mi de YPED (extrait de levure 1%, peptone 2%,
   glucose 2%).

2. Recueillir les cellules par centrifugation dans un tube Eppendorf à 8000
   tours/minute pendant 5 min.

3. Jeter le surnageant et remettre en suspension dans 0,5 ml une solution de 1 M de sorbitol, 0,1 M d'EDTA, (pH 5), contenant 50 unités (U) de l'enzyme Bêta-glucoronidase (Sigma- Aldrich).

4. Incuber ensuite dans un bain d'eau à 37 °C pendant 60 minutes et agiter périodiquement (parfois surveiller la perte de la paroi cellulaire en plaçant les cellules dans de l'eau distillée et en vérifiant la réduction de la densité cellulaire au microscope optique).

5. Centrifuger les sphéroplastes à 8000 tours/minute pendant 10 minutes et remettre le précipité en suspension dans 0,5 mi de Tris-HCl 50 mM, 20 mM d'EDTA (pH 7,4).

6. Ajouter ensuite 50pl de SDS à 10% et incuber au bain-marie à 65°C pendant 30 minutes.

7. Après ce temps, ajouter 0,2 mi d'acétate de potassium (KAc) 5M (pH 4,8), et remettre en suspension pendant au moins 30 secondes. Ensuite, laissez-le dans la glace pendant 30 minutes.

8. Ensuite, centrifuger à 14000 tours/minute pendant 5 min et transférer le surnageant dans un autre tube.

9. Centrifuger à nouveau pendant 5 minutes pour éliminer les autres impuretés et transférer le surnageant dans un autre tube.

10. Ajouter 1 ml d'isopropanol 100% froid et incuber à température ambiante pendant 5 min en agitant doucement le tube.

11. Centrifuger à 14000 tours/minute pendant 10 minutes et éliminer le surnageant.
12. Ajouter 0,5 ml d'éthanol à 70 % à froid et centrifuger à 14 000 tr/min pendant 5 minutes.

13. Jeter le surnageant et laisser le précipité sécher à température ambiante.

14. Enfin, remettez l'ADN en suspension dans 50 pl de TE (Tris-EDTA pH 7,4) ou dans de l'eau distillée. Les échantillons sont conservés à -20 °C jusqu'à leur utilisation ultérieure.

Deuxième protocole : procédure à domicile

1. Prenez un gobelet contenant 300 mi d'eau et placez-le sur la cuisinière ou la plaque chauffante et laissez-le bouillir.

2. Pendant ce temps, faire macérer en homogénéisant bien dans un mortier 5 g de levure avec la solution de lyse (10 ml d'eau distillée et 1 g de détergent).

3. Ajoutez le contenu d'un tube de faucon de 50 ml et placez-le dans le bécher

contenant l'eau bouillante (bain-marie) pendant 30 minutes. Mélangez le contenu du tube toutes les 2 minutes en l'inversant et utilisez la pincette pour le tenir.

4. Une fois le temps écoulé, retirez le tube et laissez-le refroidir.

5. Ajouter ensuite 0,5 g d'attendrisseur à viande et mélanger doucement par immersion.

6. Ajouter ensuite 0,8 g de sel et mélanger doucement par immersion.

7. Transférez doucement tout le contenu dans un nouveau tube à faucon de 50 mètres.

8. Enfin, ajoutez lentement trois volumes (trois fois le volume de l'échantillon trouvé dans le tube) d'éthanol ou d'alcool froid à 96% aux parois du tube et attendez que l'ADN devienne évident.

Questionnaire

1. Expliquez pourquoi le détergent produit la lyse des cellules ?

2. Quel est l'effet de l'enzyme Bêta-Glucoronidase sur la procédure d'extraction de l'ADN ?

3. Quel est le but du sel dans l'extraction de l'ADN ?

4. Comment l'attendrisseur de viande agit-il dans la cellule ?

5. Quelle est la consommation d'alcool froid à 100 % et à 70 % ?

Bibliographie

- Madigan, M., Martinko, J., Parker, Brock J. (2010) Brock, Biology of Microorganisms. 10e édition. Prentice Hall.

- Bien sûr, Gonzalo. (2003). Approche historique de la biologie moléculaire à travers ses protagonistes, ses concepts et sa terminologie fondamentale. *Panace@,* 4(12), 168-179. Récupéré sur http://www.medtrad.org/pana.htm.

- Curtís, H. et Barnes, N. Sue. 2000. Biologie. Panamerican Medical Ed. 6e édition. Madrid, Espagne.

- Dujon, B. (1996). Le projet sur le génome de la levure : qu'avons-nous fait ? *Trends Genet.* 12 : 263-270.

- Osorio, E. ; Ramírez, M ; López W. et Mambuscay, L (2009) Standardization of a simple protocol for the extraction of genomic DNA from yeasts Revista Colombiana de

Biotecnología, vol. XI, núm. 1, julio, 2009, pp. 125-131 Universidad Nacional de Colombia Bogotá, Colombia

- Vásquez J. A., Ramírez C. M. et Monsalve Z. I. 2016. Mise à jour sur la caractérisation moléculaire de la levure 129 Rev. Biotechnologie. Vol. XVIII n° 2 129-139

Dépistage *in vitro* de la cellulase de *Penicillium aurantiogriseum.*

Par : Hugo Mauricio Jimenez M.

Introduction

Les champignons ont un grand potentiel pour la production de divers composés chimiques importants pour l'humanité, que ce soit d'un point de vue médical, agronomique, industriel ou environnemental. L'utilisation des champignons et/ou de leurs produits est associée à des processus technologiques d'application à l'industrie ou à la gestion environnementale (Jiménez, H., 2020).

Un exemple de ce qui précède est la production d'enzymes, qui sont des catalyseurs biologiques très efficaces et spécifiques au substrat, qui atteignent une vitesse de réaction 10^3 et 10^7 fois plus rapide que les réactions non catalysées, comme c'est le cas des cellulases, qui sont des glycosyl hydrolases, et qui utilisent deux mécanismes d'hydrolyse de la liaison glycosidique de la cellulose que l'on trouve principalement dans le bois, les débris végétaux tels que la litière de feuilles et les branches d'arbres.

Les bois sont principalement composés de trois polymères structurels, la lignine, la cellulose et l'hémicellulose. La lignine est résistante à la dégradation physique et chimique, tout comme les fibres de cellulose qui sont incorporées dans une matrice d'hémicellulose et de lignine, ce qui rend leur dégradation difficile. Les champignons *Phylum Basidiomycota, Ascomycota, Glomeromycota et Neocallimastigomycota* produisent un grand nombre et une grande variété d'enzymes extracellulaires pour la dégradation du bois et des débris végétaux à forte teneur en lignocellulose.

La cellulose est le composant le plus abondant qui existe sur Terre, elle est produite par les plantes formant une partie de leur paroi cellulaire, la cellulose est l'un des matériaux les plus utilisés depuis l'Antiquité, et de nos jours elle est la source de combustibles organiques, de composés chimiques, de fibres et de matériaux nécessaires pour couvrir les besoins humains tels que le papier, la pâte à papier, le bois, etc. On estime qu'environ 180 milliards de tonnes de cellulose sont produites par les plantes chaque année, ce qui en fait l'une des plus importantes sources de carbone renouvelable sur Terre (Martinez, C., et al, 2008).

La cellulose est un polymère linéaire composé de résidus de glucose reliés par des liaisons B (1-4), par lesquelles ils se lient aux molécules de cellobiose, un disaccharide composé de deux résidus de glucose.

En raison de la nature récalcitrante de la cellulose, certains organismes tels que les bactéries et les champignons produisent les enzymes nécessaires à son utilisation (Béguin & Aubert, 1994). Deux groupes importants ayant des capacités cellulolytiques ont été identifiés. Le premier est le groupe anaérobie,

29

qui comprend les espèces bactériennes et fongiques qui vivent dans les eaux usées, le rumen et le tractus intestinal des animaux herbivores et certains insectes tels que les coléoptères et les termites (Cazemier et al., 2003 ; Warnecke et al., 2007). Les exemples de bactéries appartenant à ce groupe sont, entre autres, les genres *Clostridium* et *Ruminococcus.* Alors que certains champignons identifiés le sont : *Anaeromyces mucronatus, Caecomyces communis, Cyllamyces aberencis, Neocallimcistix frontalis,*

Orpinomyces sp. et Piromyces sp. (Doi, 2007 ; Teunissen & Op den Camp, 1993). Le second groupe comprend des espèces aérobies vivant dans le sol, en particulier dans les forêts, comme *Cellulomonas* (Elberson et al., 2000) et *Streptomyces* (Alani et al., 2008), et des champignons de pourriture du bois basidiomyces (Baldrian & Valaskova, 2008 ; Martinez et al., 2005). La pourriture blanche du bois est réalisée dans 96 % des cas par des champignons de la famille des *Polyporaceae,* tels que *Panus, Polyporus, Pycnoporus et Trametes* (Martínez et al., 2005), références citées par Martínez, C., et al, 2008.

Le concept d'utilisation de la cellulose comme matière première pour les sucres qui peuvent être bioconvertis en carburants grâce à l'utilisation de microorganismes a repris une grande importance ces dernières années en raison des prix élevés du pétrole (Sun & Cheng, 2002, cité par Martínez, C., et al, 2008).

Le principal défi de l'industrie et de la biotechnologie dans la production de biocarburants tels que le bioéthanol est la bioconversion de la cellulose, de sorte que les cellulases ont acquis une grande importance dans ces processus (Martínez, C., et al, 2008).

L'action enzymatique pour l'hydrolyse de la cellulose implique le fonctionnement séquentiel et la synergie d'un groupe de cellulases, qui ont des sites de liaison différents, en raison de la nature complexe de la molécule de cellulose. Le système de cellulase typique comprend trois types d'enzymes : endo-P-l,4-glucanase (Cx) (1,4-P-D-glucan glucanohidrolase E.C.3.2.1.4), exo-P-l,4-glucanase (Cl) (1,4-P-D-glucan celobiohydrolase E.C.3.2.1.91) et la P-l,4-glucosidase (cellobiase) (Cb) (P-D-glucoside glycohydrolase E.C.3.2.1.21) (Hahn-Hagerdal & Palmqvist 2000, cité par Chacon, O. & k, Waliszewski, 2005)

Les résidus agricoles sont riches en cellulose, hémicellulose et lignine ; ils peuvent être utilisés comme substrats pour la culture de champignons filamenteux capables de produire des enzymes extracellulaires avec des activités cellulasiques, avec des applications industrielles importantes, comme l'hydrolyse de la biomasse lignocellulosique pour la production d'éthanol (Rodríguez, I. et Pifieros, Y. 2007)

Le bio-alcool est un carburant d'origine végétale qui présente des caractéristiques similaires à celles des combustibles fossiles, ce qui permet de l'utiliser dans des moteurs légèrement modifiés. De plus, les biocarburants ne contiennent pas de soufre, qui est l'une des causes des pluies acides. Le bioéthanol peut être fabriqué à partir de toute matière première organique contenant des quantités importantes de sucres (Ballesteros, M. 2006, cité par Paredes Medina et al, 2010).
Les cellulases sont utilisées pour dégrader les composés de la cellulite tels que la bagasse et pour obtenir des sucres fermentables comme le glucose afin d'obtenir du bioéthanol. Ces technologies sont déjà appliquées en Colombie.

Objectifs

- Effectuer des essais biologiques *in vitro pour* détecter la production de cellulase par le microchampignon *Penicillium aurantiogriseum.*

- Acquérir des compétences en matière d'assemblage de tests biologiques *in vitro.*

- Développer les compétences en matière de manipulation des instruments de laboratoire

- Potentialiser les compétences cognitives scientifiques.

Matériels, réactifs et équipements

- Microfungus *Penicillium aurantiogriseum*.
- Erlenmeyer
- Eau distillée.
- Milieu de culture de pommes de terre à l'agar dextrose (PDA).
- Milieu de culture pour les amylolytiques.
-Papier d'aluminium.
- Papier.
- Ruban adhésif.
- Autoclave.
- Chambre à flux laminaire.
- Boîtes de Pétri.
- Manche de microchampignon.
- Lugol
- Incubateur.

Méthodologie

Préparation des milieux de culture de pommes de terre sur gélose au dextrose (PDA)

Le volume du milieu de culture PDA pour chaque boîte de Petri est de 25 ml, il est donc nécessaire de faire les calculs respectifs à partir de la bouteille de gélose Oxoid Potato Dextrose Agar, de peser le

31

ajouter à un erlenmeyer le volume d'eau distillée requis, recouvrir d'une feuille d'aluminium et renforcer avec du papier et du ruban adhésif, stériliser dans l'autoclave avec les boîtes de Pétri, après stérilisation, servir le milieu de culture dans les boîtes de Pétri dans la chambre à flux laminaire.

Préparation des milieux de culture de la cellulite (MCC)

Le volume de milieu de culture cellulolytique (CCM) pour chaque boîte de pétri est de 25 ml, il est donc nécessaire de faire les calculs respectifs à partir de la composition en g/L du CCM : Cellulose microcristalline (Merck) 5 g, NH4NO3 1 g, solution saline (NaCl 5%) 10 ml, gélose - gélose 20 g, et eau distillée 1000 ml, peser la quantité, l'ajouter à un erlenmeyer avec le volume d'eau distillée requis, recouvrir d'une feuille d'aluminium et renforcer avec du papier et du ruban-cache, stériliser dans l'autoclave avec les boîtes de Pétri, une fois la stérilisation terminée, servir le milieu de culture dans les boîtes de Pétri dans la chambre à flux laminaire.

Activation de *Penicillium aurantiogriseum*

À partir d'une souche de *Penicillium aurantiogriseum,* semer un fragment de microchampignon au centre d'une boîte de Pétri avec le milieu de culture PDA et le laisser à température ambiante pendant 7 jours.

Essais biologiques de criblage de la cellulase.

À partir de la boîte de Pétri du PDA avec *Penicillium aurantiogriseum,* semez un fragment de celui-ci au centre d'une boîte de Pétri avec le milieu de culture cellulolytique (CCM) et laissez-le à température ambiante pendant 7 jours, puis ajoutez du rouge Congo sur la culture. Après 15 minutes, observez et mesurez avec une règle le halo jaune autour de l'ensemencement.

Questionnaire.

1. Pourquoi voyez-vous un halo jaune autour de la plantation de microfongus lorsque vous ajoutez du rouge Congo ?

2. Pourquoi l'ajout de rouge Congo au milieu de culture cellulolytique (MCC) entraîne-t-il une coloration rougeâtre ?

3. Voir les autres tests pour les enzymes.

4. Voir les autres micro-organismes utilisés pour la production de cellulase.
5. Comment un processus de bioscaling pour la production de cellulases par *Penicillium aurantiogriseuml*

Bibliographie.

- Chacon, O. & k, Waliszewski, 2005. Préparations commerciales de cellulase et applications dans les processus d'extraction. Université et sciences. Les tropiques humides. 21 (42) pp 111-120. Disponible sur : http://era.ujat.mx/index.php/rera/article/viewFile/337/273. Date de révision : 26/03/2019.

Référence citée dans cet article :

Hahn-Hagerdal B, Palmqvist E (2000) Fermentation des hydrolysats lignocellulosiques. II : Inhibiteurs et mécanismes d'inhibition. Technologie des bioressources. 74 : 25-33.

- Couturier M, et al. 2011. Les hémicellulases de *Podospora anserina* potentialisent le secretóme de *Trichoderma reesei* pour la saccharification de la biomasse lignocellulosique. Appl. environ. Microbiol. 77 : 237 - 246.

- Jimenez, H.M., 2020. Séminaire sur la biologie des champignons. Université pédagogique nationale. Département de biologie. Colombie.

- J-G, Berrín, Navarro, D., Couturier, M. et L, Meessen, 2012. Exploring the Natural

Fungal Biodiversity of Tropical and Températe Forests towards Improvement of Biomass Conversión. Appl. environnement. Microbiol. 78 (18) : 6483 - 6490.

- Martínez, C, Balcázar, E., Dantán, E et J L.Folch-Mallo. 2008. Cellulases fongiques : aspects biologiques et applications dans l'industrie énergétique. Journal latino-américain de microbiologie. Vol. 50, n° 3 et 4, p. 119-131. Disponible sur http://www.medigraphic.com/pdfs/lamicro/mi-2008/mi08-3_4i.pdf Date de révision : 26/03/2019.

Références citées dans cet article :

- Alani, F., Anderson, W. & Moo-Young, M. 2008. New isolateof Streptomyces sp. with novel thermoalkalotolerant cellulases.Biotechnol Lett. 30, 123-126.
Béguin, P. & Aubert, J.-P. 1994. La dégradation biologique de la cellulose. FEMS Microbiol Rev. 13, 25-58
Baldrian, P. & Valaskova, V. 2008. Dégradation de la cellulose par le champignon basidiomycète. FEMS Microbiol Rev. Epub avant impression, doi : 10.111 l/j.1574- 6976.2008.00106.x.
Cazemier, A. E., Yerdoes, J. C., Reubsaet, F. A., Hackstein, J.H., van der Drift, C. & Op den Camp, H. J. 2003. Promi-cromonospora pachnodae sp. nov, un membre de la flore intestinale postérieure (hémicellulolytique) des larves du scarabée Pachnoda marginata. Antonie Van Leeuwenhoek. 83, 135-48.
Doi, R. H. 2007. Cellulases des microorganismes mésophiles : producteurs de cellulosomes et de non-cellulosomes. Doi 0:14190021
Martínez, A. T., Speranza, M., Ruiz-Dueñas, F. J., Ferreira, P.,Camarero, S., Guillén, F., Martínez, M. J., Gutiérrez, A. & delRío, J. C. 2005. Biodegradation of lignocellulosics : microbial,Chemical, and enzymatic aspects of the fungal attack oflignin.Int Microbiol. 8, 195-204.
Sun, Y. & Cheng, J. 2002. Hydrolyse des matériaux lignocellulosiques pour la production d'éthanol : une revue. Bioresour Tech-nol. 83, 1-11
Teunissen, M. J. & Op den Camp, H. J. 1993. Anaerobic fun-gi and their cellulolytic and xylanolytic enzymes. AntonieVan Leeuwenhoek. 63, 63- 76. Wamecke, F., Luginbuhl, P., Ivanova, N., Ghassemian, M.,Richardson, T. H., Stege, J. T., Cayouette, M., McHardy, A.C., Djordjevic, G., Aboushadi, N. et al. 2007. Metagenomicand functional analysis of hindgut microbiota of a wood- feeding higher termite. Nature. 450, 560-5.

- Paredes Medina, Álvarez Núfiez, et M. Silva Ordofies. 2010. Obtention d'enzymes cellulases par fermentation solide de champignons à utiliser dans le processus d'obtention de bioalcool à partir de résidus de la culture de la banane. Magazine technologique ESPOL - RTE, Yol. 23, N. 1, 81-88.

Référence citée dans cet article :

Ballesteros, M. 2006, "Carburantes sin petróleo : Bioetanol",
Investigación y ciencia, ISSN 0210-136X, n° 362, 2006. pp. 78-85.

- Rodríguez, I. et Piñeros, Y. 2007. "Production de complexes enzymatiques cellulolytiques au moyen de la culture en phase solide de *Trichoderma sp.* sur des grappes de palmier à huile vides comme substrat", Groupe d'utilisation des ressources agroalimentaires, Programme d'ingénierie alimentaire, Université Jorge Tadeo Lozano, Bogota, Colombie.

Tests *in vitro de* production d'amylase avec *Aspergillus fumigatus*

Par : Hugo Mauricio Jimenez M.

Introduction

L'amidon est un polymère de glucose semi-cristallin abondant dans la nature et obtenu principalement à partir de maïs, de blé, de riz et de pommes de terre. S'il provient d'un tubercule, il est généralement appelé amidon (fécule de pomme de terre) ; s'il provient d'une céréale, amidon. Les propriétés de l'amidon varient en fonction du produit dont il est extrait et de la variété (Castells, P. 2009).

L'amidon est un hydrate de carbone complexe digestible (polysaccharide) du groupe des glucanes. Il est constitué de chaînes de glucose à structure linéaire (amylose) ou ramifiée (amylopectine). Elle constitue la réserve énergétique des plantes (Castells, P. 2009).

L'amylose est un polymère de glucose qui contient 1 000 à 4 000 unités de ce monomère, et qui a donc un poids moléculaire de 200 000 à 800 000 daltons, une valeur qui varie non seulement selon l'espèce de plante, mais aussi au sein d'une même espèce et dépend de l'état de maturation (Hoseney, 1991, cité par Espitia, L., 2009).

Chaque unité de glucose est liée à la suivante par une liaison glycoside a-1,4, qui détermine que le groupe réducteur du glucose est situé en position 1. La longue linéarité de l'amylase lui confère certaines propriétés uniques, comme sa capacité à former des complexes avec les iodes, les alcools ou les acides organiques. À température ambiante, la chaîne de molécules de glucose adopte une conformation en spirale dont les hélices permettent d'y loger une molécule d'iode. Lorsque l'amylose est traitée à l'iode, l'iode est situé dans les complexes amylose-iode qui ont une couleur bleu noirâtre (Hoseney, 1991, cité par Espitia, L., 2009).

L'amylopectine est un polysaccharide dont les chaînes principales sont des traces de glucose liées à 1-4, comme dans l'amylose, et qui présentent sporadiquement des ramifications à 1-6 situées toutes les 15-25 unités linéaires de glucose. Leur poids moléculaire est très élevé (Bailey et Bailey, 1998, cité par Espitia, L., 2009).

L'amidon est dégradé par l'action de deux enzymes, une - amylase et une B - amylase.

L'enzyme a - amylase catalyse l'hydrolyse aléatoire des liaisons a-1,4 glycosides de la région centrale de la chaîne amylose et amylopectine, à l'exception des molécules proches de la ramification, obtenant ainsi du maltose et des oligosaccharides de tailles diverses (Crueger et Crueger, 1993, cité par Espitia, L., 2009).
L'enzyme *B - amylase ou a - 1,4 glucan - maltohydrolases est une exoenzyme qui attaque les liaisons a - 1,4 glycosides à l'extérieur de la chaîne de l'amidon, la 13 - amylase sépare les unités de maltose des extrémités non réductrices de cette hydrolyse alternée des liaisons glycosides (Pedroza, 1999, cité par Espitia, L., 2009).

Les amylases sont utilisées dans la fabrication du pain en dégradant l'amidon de la farine en sucres fermentables pour l'activation de la levure.

Certaines amylases sont utilisées comme détergents pour dissoudre les amidons dans certains processus industriels, comme la production de pâtes alimentaires.

Les enzymes amylases, en raison de leur capacité hydrolytique, ont été très importantes au cours des dernières décennies dans plusieurs industries qui ont vu une meilleure façon d'optimiser leurs processus en appliquant des techniques biotechnologiques basées sur les enzymes (Durango E., 2008).

Les industries telles que la boulangerie, la confiserie, l'alimentation, le textile, la brasserie, le papier, le sucre, parmi tant d'autres, ont vu dans ces protéines une grande opportunité pour le commerce. Les amylases occupent environ 25% du marché des enzymes, remplaçant complètement les processus d'hydrolyse chimique dans l'industrie de l'amidon. En raison de la thermostabilité de cette enzyme, l'industrie a fait en sorte que les amylases aient une grande applicabilité dans divers processus (Durango E., 2008).

À partir de l'amidon et de l'utilisation des amylases, on peut obtenir des sirops de composition et de propriétés physiques différentes ; les sirops sont utilisés dans une variété d'aliments tels que les boissons non alcoolisées, les bonbons, les produits de boulangerie, les glaces, les sauces, les aliments pour bébés, les fruits en conserve et les conserves (Durango E., 2008).

De toutes les applications à l'échelle industrielle, la plus efficace est la production de sirop de maïs à haute teneur en fructose (HFCS), le but de ce procédé est d'obtenir une matière au pouvoir sucrant similaire au saccharose à partir d'une matière première à bas prix comme l'amidon de maïs (Durango E., 2008).

Les sources productrices d'a-amylases comprennent les plantes, les animaux et les microorganismes, et ce sont les enzymes microbiennes qui sont les plus demandées dans les applications industrielles (Grupta. R., et al, 2003, cité par Espinel, E et E. López, 2009).

Traditionnellement, la production d'a -amylases a été réalisée par des processus de fermentation liquide submergée (FLS) en raison du contrôle plus important des facteurs environnementaux tels que la température et le pH, cependant, la fermentation en phase solide (SFS) constitue une alternative intéressante puisque les métabolites sont concentrés, et les processus de purification sont moins coûteux (Pandey, A. et al, 2000., Soni, S., 2003, cité par Espinel, E et E. López, 2009).
Objectifs

- Effectuer des essais biologiques *in vitro pour la* détection de la production d'amylase par le microchampignon *Aspergillus fumigatus*.

- Acquérir des compétences en matière d'assemblage de tests biologiques *in vitro*.

- Développer les compétences en matière de manipulation des instruments de

laboratoire

- Potentialiser les compétences cognitives et scientifiques.

Matériels, réactifs et équipements

- *Microfongus Aspergillus fumigatus.*
- Erlenmeyer
- Eau distillée.
- Milieu de culture de pommes de terre à l'agar dextrose (PDA).
- Milieu de culture pour les amylolytiques.
-Papier d'aluminium.
- Papier.
- Ruban adhésif.
- Autoclave.
- Chambre à flux laminaire.
- Boîtes de Pétri.
- Manche de microchampignon.
- Lugol
- Incubateur.

Méthodologie

Préparation des milieux de culture de pommes de terre sur gélose au dextrose (PDA)

Le volume de milieu de culture PDA pour chaque boîte de Petri est de 25 ml, il est donc nécessaire de faire les calculs respectifs à partir du flacon de gélose Oxoid Potato Dextrose, de peser la quantité, de l'ajouter à un erlenmeyer avec le volume d'eau distillée requis, de couvrir avec une feuille d'aluminium et de renforcer avec du papier et du ruban adhésif, de stériliser dans l'autoclave avec

les boîtes de pétri, après stérilisation, servent le milieu de culture dans les boîtes de pétri dans la chambre à flux laminaire.

Préparation des milieux de culture pour les amylolytiques (MCA)

Le volume des milieux de culture pour amylolytiques (MCA) pour chaque boîte de Petri est de 25 ml, il est donc nécessaire de faire les calculs respectifs à partir de la composition en g/L des MCA : amidon soluble 10 g, Na2HP04 3 g, MgSCfl $_{7H2O}$ 0.1 g, Agar - Agar 20 g, et Eau distillée 1000 ml, peser la quantité, l'ajouter à un Erlenmeyer avec le volume d'eau distillée requis, couvrir avec une feuille d'aluminium et renforcer avec du papier et du ruban adhésif de masquage, stériliser dans l'autoclave avec les boîtes de pétri, une fois la stérilisation terminée servir le milieu de culture dans les boîtes de pétri dans la chambre à flux laminaire.

Activation de l'*Aspergillus fumigatus*

À partir d'une souche d'*Aspergillus fumigatus,* semer un fragment de microchampignon au centre d'une boîte de Petri avec le milieu de culture PDA et le laisser à température ambiante pendant 7 jours.

Essais biologiques de dépistage de l'amylase

À partir de la boîte de Pétri du PDA avec *Aspergillus fumigatus,* semer un fragment de celui-ci au centre d'une boîte de Pétri avec le milieu de culture amylolytique (MCA) et le laisser à température ambiante pendant 7 jours, puis ajouter le Lugol à la culture. Après 10 minutes, observer et mesurer avec une règle le halo jaune autour du semis.

Questionnaire.

1. Pourquoi voyez-vous un halo jaune autour du microchampignon semé lorsque vous ajoutez du Lugol ?

2. Pourquoi observe-t-on une coloration violette lorsque le Lugol est ajouté au milieu de culture amylolytique (MCA) ?

3. Voir les tests de détection et de quantification des amylases.

4. Voir les autres micro-organismes utilisés pour la production d'amylase.
Bibliographie

- Castells, P. 2009. L'amidon. Recherche et science. N° 396.

- Espinel, E., et E. López, 2009. Purification et caractérisation de l'a-amylase de la *commune de Penicillium* produite par fermentation en phase solide. Revista Colombiana de Química, vol. 38, no. 2, pp. 191-208 Universidad Nacional de Colombia. Bogotá.

Références citées dans cet article :

> Gupta, R. ; Gigras, H. ; Mohapatra,H. ; Goswami, V. ; Chauhan, B. Microbial a-amylases : a biotechnological perspective. Process Biochemistry. 2003 : 1599-1616.3.

> Pandey, A. ; Soccol, C.R. Nouveaux développements en matière de fermentation à l'état solide : Ibioprocédés et produits. ProcessBiochemistry.2000:1153-1169

> Soni, S. K. ; Arshdeep, K. ; Gupta, J.K. Un système d'a-amylase bactérienne et de glucoamylase fongique basé sur la fermentation à l'état solide et son aptitude à l'hydrolyse de l'amidon de blé. Biochimie des procédés. 2003:185-192.

- Espitia, L. 2009. Détermination de la concentration des alpha et bêta-amylases commerciales dans la production d'éthanol à partir d'orge en utilisant *Saccharomyces cerevisiae.* Travail de qualité. Département de microbiologie industrielle. Faculté des sciences. Université pontificale Javeriana.

Références citées dans cet article :

> Bailey, P.S. et C.A., Bailey. 1998. Chimie organique : concepts et applications. 5e édition. Prentice Hall Publishing. Le Mexique.

Crueger W et A Crueger, 1993. Biotechnologie : Manuel de microbiologie industrielle. Acribia, ed.

Hoseney, R., 1991. Principes de la science et de la technologie des céréales. Edit. Acribia. Saragosse, Espagne.

- Pedroza, 1999. Production d'amylase *thermostable à* partir de *Thermus* sp. Mémoire de maîtrise. Département de microbiologie industrielle. Faculté des sciences. Université pontificale Javeriana.

Essais biologiques de biodégradation du pétrole brut avec

Pseudomonas fluorescens.

Par : Hugo Mauricio Jimenez M.

Introduction

Pseudomonas fluorescens a été découvert par Migula en 1895, ce sont des bactéries chimioorganotrophes aérobies, leur métabolisme est basé sur des réactions d'oxydo-réduction pour obtenir de l'énergie. Il s'agit d'un bacille de gramme (-) droit de 0,5 à 0,8 pm. Il présente des flagelles polaires loophotropes. Sa température optimale est de 25 à 30 °C, bien que l'on signale des températures de 5 °C et 42 °C. On le trouve principalement dans la rhizosphère, mais on peut aussi le trouver dans le sol sous forme de saprophyte et dans l'eau (Boresi, M. 2009).

Il solubilise les phosphates de deux manières : d'une part, par la production d'acides organiques tels que l'acide citrique et l'acide oxalique qui agissent sur le pH du sol, ce qui solubilise le phosphore inorganique et libère les phosphates dans le sol, d'autre part par la production de phosphatases qui agissent sur les liaisons esters libérant les groupes phosphates de la matière organique du sol (Boresi, M. 2009).

Ils produisent des hormones de croissance des plantes, telles que les auxines, les gibbérellines et les cytokinines, et stimulent également la germination des graines.

Il dégrade les polluants tels que le styrène, le TNT et les hydrocarbures aromatiques polycycliques (López, J. et al. 2006).

P. fluorescens utilise divers substrats pétroliers tels que les hydrocarbures totaux (TPH) et les biphényles polychlorés (PCB), ainsi que des hydrocarbures aromatiques biodégradables en aérobiose tels que le naphtalène et le phénanthrène (López, J. et al. 2006).

La mauvaise gestion des déchets dangereux a engendré un problème mondial de pollution des sols, de l'air et de l'eau. L'extraction et la manipulation du pétrole brut dans les pays producteurs figurent parmi les contaminations les plus graves (López, J. et al. 2006).

En Colombie, le transport du pétrole brut et de ses dérivés a été considérablement affecté au cours des 30 dernières années par une activité terroriste constante contre les oléoducs et les installations qui ont généré d'innombrables explosions et déversements de pétrole (López, J. et al. 2006).
La contamination des environnements par le pétrole est considérée comme hautement persistante et affecte l'équilibre des écosystèmes. Leur fragilité est telle que la nature n'a pas la possibilité de biodégrader le pétrole facilement et rapidement. Un litre de pétrole

brut occupe une surface d'environ la moitié d'un terrain de football dans l'environnement aquatique (Lozano, N. 2005).

La décomposition du pétrole par la voie microbienne est un mécanisme rapide et sûr pour éliminer la contamination. C'est pourquoi il est important d'étudier les façons dont les micro-organismes assimilent les composés du pétrole et comment le processus de décontamination peut être accéléré. Des technologies de biorémédiation ont été développées dans lesquelles des micro-organismes ou des plantes agissent pour permettre la décomposition des composés toxiques (Lozano, N. 2005).

La biorémédiation est une alternative "amicale" à la détérioration progressive de la qualité de l'environnement due au déversement constant de pétrole brut qui contamine le sol, l'air et l'eau, puisque ce problème affecte la santé publique, ainsi que l'extinction de la flore et de la faune dans les écosystèmes colombiens (López, J. et al. 2006).

Le pétrole brut est composé d'hydrocarbures et de petites quantités de soufre, d'azote et d'oxygène, ce qui le rend difficile à biodégrader. Les hydrocarbures pétroliers ont de un à 50 atomes de carbone ou plus et ont des formes moléculaires variées telles que les paraffines, les naphtalènes et les aromatiques (Lozano, N. 2005).

La biodégradation du pétrole brut par la voie microbienne est un mécanisme rapide et sûr pour éliminer la contamination, une bactérie utilisée à cette fin est *Pseudomonas fluorescens* qui utilise divers substrats du pétrole comme les hydrocarbures totaux (TPH) et les biphényles polychlorés (PCB) comme source de carbone et d'énergie et biodégrade de façon aérobie les hydrocarbures aromatiques comme le naphtalène et le phénanthrène, certains de ces hydrocarbures comme le méthane, sont constitués de peu d'atomes et sont gazeux à température ambiante ; d'autres, comme le doyen, sont plus lourds et moins volatils. À basse température, certaines sont gazeuses, comme le propane, tandis que d'autres sont solides, comme la paraffine et les asphaltes (Lozano, N. 2005).

Les pratiques de biorestauration consistent à utiliser des micro-organismes tels que les bactéries et les microchampignons, ainsi que des plantes pour neutraliser les substances toxiques, en les transformant en substances moins toxiques ou non toxiques pour l'environnement et la santé humaine.

Avant de mener des programmes de biorestauration des sols ou des plans d'eau contaminés par le pétrole brut, il est important de procéder à des essais biologiques de biodégradation du pétrole brut à
L'objectif est d'étudier la physiologie, les conditions de culture et la croissance des micro-organismes à utiliser.

Objectifs

- Réalisation d'un essai biologique de biodégradation du pétrole brut à petite échelle à l'aide de la bactérie *Pseudomonas flúor escens*

- Observer la biodégradation du pétrole brut par la *bactérie Pseudomonas fluorescens*

- Développer des compétences et des capacités dans la manipulation d'équipements et d'instruments de laboratoire.

- Potentialiser les compétences scientifiques.

Matériels, équipements et réactifs

- Gants en nitrile
- Blouse de laboratoire
- Milieu de culture sélectif Pseudomonas Agar Base (boîtes de Pétri et tubes à essai inclinés).
- Culture pure de *Pseudomonas fluorescens.*
- Briquet à alcool.
- Poignée ronde bactériologique
- Eau distillée stérile.
- Bouteilles de 500 ml.
- Sel moyen minimum (MMS).
- Pétrole brut.

Méthodologie

Préparation des milieux de culture pour l'*activation de Pseudomonas fluorescens*

Le volume des milieux de culture pour chaque boîte de Pétri est de 25 ml, il est donc nécessaire de faire les calculs respectifs à partir du flacon d'oxyde de la base de gélose Pseudomonas, de peser la quantité, de l'ajouter à un erlenmeyer avec le volume d'eau distillée requis, de couvrir avec une feuille d'aluminium et de renforcer avec du papier et du ruban adhésif, de stériliser dans l'autoclave avec les boîtes de Pétri, une fois la stérilisation terminée, de servir les milieux de culture dans les boîtes de Pétri dans la chambre à flux laminaire.

À partir d'une souche de *Pseudomonas fluorescens,* semez-la par isolement - technique d'épuisement en boîtes de Pétri avec le milieu de culture sélectif Pseudomonas Agar Base (MCSPF) et laissez-la en incubation à 30 °C pendant 48 heures.

Préparation de l'*inoculum de Pseudomonas fluorescens*

A partir des boîtes de Petri avec l'ensemencement par épuisement de *Pseudomonas fluorescens* dans le milieu de culture (MCSPF), ensemencer à nouveau (placer 5 rôtis) dans un erlenmeyer de 100 ml avec 30 ml de bouillon nutritif et laisser en incubation à 30 °C pendant 48 heures (c'est l'inoculation de
Pseudomonas fluorescens).

Essais biologiques de biodégradation du pétrole brut.

Dans 4 bouteilles de 500 ml, placer dans chaque bouteille 285 ml de la composition stérile du milieu salin minimum (MMS) g/L : KH2P04 5 g, NH4C1 10 g, Na2S04 20 g, KNOs 20 g, CaCl2 6H20 0,01 g, MgS04 lg, FeS04 0,004g, Eau distillée : 1000 ml.

Ajouter 5 ml d'inoculum de *Pseudomonas fluorescens* dans chacune des 3 bouteilles. Pour le flacon restant, le laisser sans inoculum de la bactérie, ce serait le contrôle négatif. Dans chaque flacon, ajoutez 15 ml de pétrole brut. Couvrez chaque flacon de gaze stérile.

Laisser à température ambiante et observer l'amincissement de la couche de pétrole brut tous les 8 jours, toujours comparer avec le témoin négatif.

Questionnaire

1. Voir le nom scientifique de 5 autres bactéries utilisées dans la biodégradation du pétrole brut.

2. Nommez et décrivez 3 accidents de pétroliers marins dans lesquels des déversements de pétrole brut se sont produits.

3. En Colombie, expliquez les 2 raisons pour lesquelles il y a des déversements de pétrole brut dans le sol et dans l'eau.

4. Expliquer la différence entre la biodégradation et la biorestauration du pétrole brut.
Bibliographie

Boresi, M. 2009. *Pseudomonas fluorescens.* Microbiologie - Missouri. http://web.mst.edu/microbio/BI0221 -2009/P_fluorescens html

- MPLM, 2016. Manuel pratique de laboratoire de microbiologie industrielle : Essais biologiques de
Biodégradation du pétrole brut par les bactéries Université des Andes. Département de Microbiologie. Colombie.

- Lozano, N. 2005. Biorestauration des environnements contaminés par le pétrole. Tecnogestion, un regard sur l'environnement. Vol. II, No. 1. P. 51-55.

- López, J. et al. 2006. Biorestauration des sols contaminés par des hydrocarbures pétroliers. NOVA. Vol. 4. n° 5. Pages 82 - 90.

Par : Silvia R. Gómez D.

Introduction

Les plasmides sont de petites molécules d'ADN circulaires ou linéaires capables de se répliquer indépendamment du chromosome central de la cellule hôte, sont stables, se trouvent dans le cytoplasme, se produisent en grand nombre de copies (polyplasmie) et, par un processus appelé conjugaison, sont transmises entre les cellules, voir la figure 2 (Madigan, M., *etal2010*).

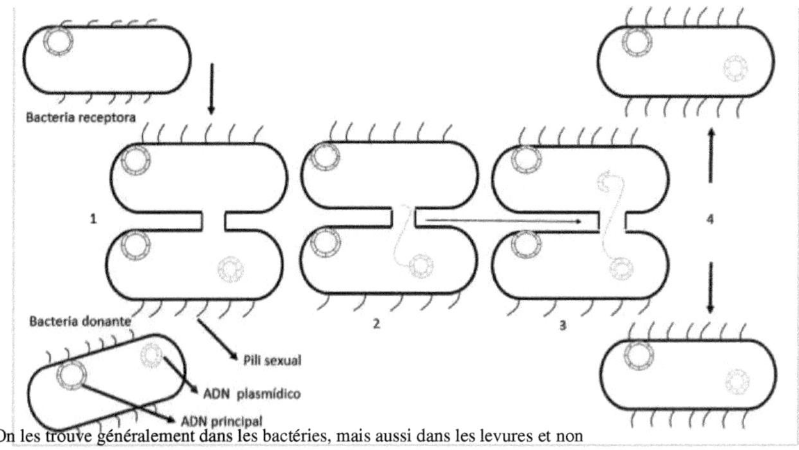

On les trouve généralement dans les bactéries, mais aussi dans les levures et non

1: Formación de puente de conjugación. 2 transferencia de una hebra de ADN plasmídico.
3 Síntesis de la hebra complementaria 4.Las bacterias se separan conteniendo el ADN plasmídico

Figure 2 : Processus de conjugaison

On les trouve généralement dans les bactéries, mais aussi dans les levures, et ils ne sont pas essentiels à la cellule. Ils contiennent un ou plusieurs gènes qui leur confèrent des avantages sélectifs ou adaptatifs lorsqu'ils se trouvent dans un organisme. Le tableau 1 énumère différentes caractéristiques fournies par les plasmides et des exemples de bactéries.

Sur le plan chimique, l'ADN plasmidique est une double hélice tournant à droite (dextrogène) qui possède un squelette composé de phosphate et de sucre à l'extérieur et de bases azotées à l'intérieur, reliées par des ponts d'hydrogène (Curtís, H., Bames, N. S. *et al.* 2007).

Les plasmides sont largement utilisés en biologie moléculaire comme vecteurs pour l'introduction de gènes qui, après avoir été clonés, peuvent être incorporés dans différents organismes. Au niveau du laboratoire, les plasmides sont faciles à isoler, à introduire et à manipuler dans une cellule hôte en raison de leur petite taille. Un phénomène d'une importance considérable tant pour la recherche sur les plasmides que pour l'évolution et l'écologie est l'incompatibilité. Lorsqu'un plasmide est inséré dans une cellule contenant un autre plasmide, ce dernier ne peut souvent pas être maintenu en étant perdu pendant le processus de réplication cellulaire. C'est pourquoi on dit qu'ils sont incompatibles. L'incompatibilité est contrôlée par les gènes qui s'y trouvent et il existe de nombreux groupes incompatibles (Madigan, M., *et al* 2003).

Tableau 1. Phénotypes obtenus par des plasmides dans des bactéries Taken Madigan, M., et al 2010

Type de phénotype	Organisation
Production d'antibiotiques	*Streptomyces*
Conjugaison	*Pseudomonas*
Fonctions physiologiques	
Dégradation de l'octane, camphre	*Pseudomonas*
Dégradation des herbicides	*Alcaligenes*
Formation d'acétone et de butanol	*Clostridium*
Utilisation de la fixation du lactose, de l'urée et de l'azote	Bactéries entériques
Nodulation et fixation de l'azote symbiotique	*Rhizobium*
Production de pigments	*Staphylocoque*
Résistance	

Résistance aux antibiotiques	*Staphylocoque*
Résistance au cadmium, au cobalt, au mercure, au nickel et/ou au zinc	*Pseudomonas*
Résistance aux bactériocines (et production)	*Bacillus*
Virulence	
Invasion de la cellule hôte	*Salmonelle*
Coagulase, hémolysine, entérotoxines	*Bacillus, Staphylococcus*
Entérotoxines et antigène K	*Escherichia*
Tumorogénicité dans les plantes	*Agrobacterium*

Pour isoler l'ADN plasmidique des protéines, des glucides, des lipides et de l'ARN, les mêmes étapes sont généralement utilisées chez tous les êtres vivants ; ce sont : a) l'homogénéisation ou la concentration de l'échantillon b) la lyse des cellules, c) l'élimination des molécules contaminantes et d) la précipitation de l'ADN, avec quelques variations dans les méthodes physiques et chimiques selon le degré de pureté requis.

La méthode d'extraction de l'ADN plasmidique la plus utilisée est la lyse alcaline, qui tire parti des différences de taille et de degré de torsion de l'ADN plasmidique par rapport à l'ADN primaire de la bactérie. L'ADN maître de la bactérie est une grande molécule unique et circulaire qui n'est pas surenroulée, alors que les plasmides sont de petites molécules, en grand nombre de copies, et sont enroulés ou surenroulés. Lors du processus d'extraction, l'objectif est de dénaturer l'ADN puis de le renaturaliser. Comme les plasmides sont petits et surenroulés, ils sont renaturalisés plus rapidement que l'ADN principal, qui, pendant la renaturation, est piégé par des complexes protéiques qui le rendent lourd et le font précipiter (Lodish, H. et al 2002 ; Sambrook J, et Russell DW, 2001).

Objectifs

- Comprendre le protocole d'extraction de l'ADN plasmidique.

- Potentialiser les compétences cognitives, sociales et verbales.

- Développer les compétences en matière de manipulation des instruments de laboratoire
  Matériel

Souche de *Pseudomonas fluorescens*
Solution 1 : 50mM de glucose, 10mM EDTA, 25Mm et Tris
HCl pH 8,0. Solution 2 : 0,2N NaOH, 1%SDS (fraîchement
préparée)
Solution 3 : à 60 mi d'acétate de sodium 3M, ajouter 11,5 mi d'acide acétique
glacial et 28,5 mi d'eau froide.

- Éthanol à 95% et 70%.
  Incubateur
  Microcentrifugeuse
  Bouillon nutritionnel avec micropipettes
  Eppendorf tube rack.
  Tubes Eppendorf de 1,5 ml Essuie-tout
  Micropipettes de 1000 pL Embouts bleus pour les micropipettes
- Ice

Méthodologie

Pour l'extraction de l'ADN plasmidique, on utilise la technique de mini-préparation de la lyse alcaline décrite par Sambrook et Russell (2001) :

1.   Inc
uber les bactéries dans le milieu liquide Luria Brittany pendant une nuit à 37° C.

2. Prenez 3 mi de la culture précédente et centrifugez pendant 5 minutes à 14000 r.p.m. et jetez le surnageant.

3. Remettre le culot en suspension dans 100 pl de solution 1 (50mM glucose, lOmM EDTA, 25Mm et Tris HCI pH 8,0) (il doit être froid) et incuber pendant 5 minutes à température ambiante.

4. Ajouter 200 pl de solution 2 (0,2N NaOH, 1%SDS) (froide et fraîchement préparée. Bien mélanger par immersion et incuber pendant 5 minutes sur de la glace

5. Ajouter 150 pl de solution 3 (à 60 mi d'acétate de sodium 3M est ajouté 11,5 mi

49

acide acétique glacial 28,5 mi d'eau froide) mélanger par immersion et incuber pendant 5 minutes sur la glace.

6. Centrifuger pendant 10 minutes, 4 ou C, 14000 tpm Transférez soigneusement le surnageant dans un autre tube.

7. Ajouter de l'éthanol à 95% au surnageant et incuber pendant 3 minutes à température ambiante.

8. Centrifuger pendant 30 minutes et jeter le surnageant. Ajouter 70 % d'éthanol et centrifuger pendant 30 minutes, à 4 °C, à 14 000 tours/minute.
   9. Enfin, le granulé est remis en suspension dans 50 pl TE (10 mM Tris HC1 pH 8,0 et 1 mM EDTA pH 8,0), stocké à -20 °C jusqu'à son utilisation.

Questionnaire

1. Expliquer la fonction de chacun des éléments qui font partie de la solution ?

2. Quel est l'effet de la solution 2 sur la procédure d'extraction de l'ADN ?

3. Quel est l'objectif de la solution 3 dans la procédure ?

4. Expliquer pourquoi l'éthanol est ajouté à 100 % et à 70 % à froid ?

Bibliographie

- Curtís, H. et Barnes, N. Sue. 2000. Biologie. Panamerican Medical Ed. 6e édition. Madrid, Espagne.

- Lodish, H., Berk, EL, Zipurssky, S. L., Matsudaira, P., Baltimore, D. Damell, J. (2002). Biologie cellulaire et moléculaire (quatrième édition). Editorial Médica Panamericana. Madrid, Espagne.

- Madigan, M., Martinko, J., Parker, Brock J. (2010) Brock, Biology of Microorganisms. 10e édition. Prentice Hall.

- Sambrook J, et Russell DW, (2001) Molecular Cloning : A laboratory manual, 3e édition, Coid Spring Harbor Laboratory Press, New York.

Potentiel antagoniste de *Trichoderma harzianum*

Par : Hugo Mauricio Jimenez M.

Introduction

En raison de la forte utilisation de produits agrochimiques pour la lutte contre les parasites et les mauvaises herbes, l'environnement devient très pollué puisque ces produits chimiques sont des composés xénobiotiques, c'est-à-dire synthétisés par l'homme, et que leur dégradation dans l'environnement peut durer jusqu'à 500 ans.

C'est pourquoi il est important de concevoir d'autres alternatives telles que la lutte biologique contre les phytopathogènes et les parasites, car du fait de son origine biologique, elle n'altère pas l'écosystème, elle est facile à gérer et peu coûteuse, ce qui est devenu aujourd'hui une stratégie de contrôle efficace.

La lutte biologique est une méthode de lutte contre les ravageurs, les maladies et les mauvaises herbes qui utilise des organismes vivants pour contrôler les populations d'agents pathogènes des plantes.

La lutte biologique, lorsqu'elle est efficace, présente de nombreux avantages, parmi lesquels

- Peu ou pas d'effets secondaires nocifs pour les autres organismes, y compris l'homme.
- La résistance des parasites à la lutte biologique est très rare.
- La lutte biologique est souvent à long terme et permanente.
- Les traitements insecticides sont considérablement éliminés.
- Le rapport coûts/bénéfices est très favorable.
- Évite les parasites secondaires.
- Il n'y a pas de problèmes d'intoxication.

D'un point de vue économique, un ennemi naturel efficace (contrôleur biologique) est celui qui régule la densité de population d'un ravageur et la maintient à des niveaux inférieurs au seuil économique établi pour une culture donnée.

Bien qu'une grande diversité d'espèces ennemies naturelles ait été utilisée dans un grand nombre de programmes de lutte biologique, les espèces qui se sont avérées efficaces ont certaines caractéristiques communes qui devraient être prises en compte dans la planification et la conduite de nouveaux programmes tels que

- Adaptabilité aux changements des conditions physiques de l'environnement
- Haut degré de spécificité par rapport à une cible donnée (parasite à contrôler).
- Capacité élevée de croissance de la population par rapport à son objectif (parasite à contrôler).
- Synchronisation avec la phénologie de la cible (organisme nuisible à combattre) et capacité à survivre aux périodes où la cible (organisme nuisible à combattre) est absente
- Capable de modifier son action en fonction de sa propre densité et de celle de la cible (parasite à combattre)

Avant de procéder à des essais de contrôle biologique sur le terrain, les études *in vitro de* contrôleurs biologiques avec des organismes cibles sont prioritaires pour analyser leur effet antagoniste et prédire comment ils agiraient en cas d'utilisation.

Les essais biologiques *in vitro* permettent d'observer l'effet bénéfique ou antagoniste d'un facteur chimique ou biologique sur la croissance d'un organisme. Ces essais biologiques sont réalisés dans le laboratoire de microbiologie dans des conditions contrôlées et les résultats sont obtenus en peu de temps.

Trichoderma harzianum a été caractérisé comme un bon contrôleur des microchampignons phytopathogènes tels que *Verticillium albo - atrum, Rhizoctonia solani, Sclerotium cepivorum* et *Fusarium oxysporum,* entre autres. Il est largement utilisé en biotechnologie agricole pour sa croissance optimale dans la production à grande échelle, et son application facile sur le terrain.

Trichoderma harzianum est un microchampignon du *Phylum Ascomycota,* qui est un groupe très divers, et que l'on trouve dans des environnements variés tels que le sol, l'eau salée, l'eau douce et sous tous les climats, présentent des applications écologiques en tant que saprophytes et agents pathogènes des plantes et des animaux. Ces microchampignons présentent une phase sexuelle dite télomorphe due à la formation d'ascospores et une phase asexuée dite anamorphe due à la formation de conidies.

Ces microchampignons en phase asexuée sont faciles à cultiver *in vitro et se* développent rapidement dans des milieux de culture liquides ou solides. C'est pourquoi ils sont largement utilisés en biotechnologie pour leur croissance optimale dans les bioprocédés.

Trichoderma harzianum est caractérisé comme un microchampignon en phase asexuée en raison de la formation d'une phialide cruciforme et de la formation de conidies vertes d'herbe et sa croissance est abondante.

Objectifs

- Effectuer des tests d'antagonisme contre les phytopathogènes *Verticillium albo - atrum* et *Sclerotium cepivorum en* utilisant le microchampignon *Trichoderma harzianum.*

- Acquérir des compétences dans l'assemblage de tests d'antagonisme in *vitro.*
- Développer les compétences en matière de manipulation des instruments de laboratoirc

- Potentialiser les compétences scientifiques.

Matériels, réactifs et équipements

- Microfungi *Trichoderma harzianum, Verticillium albo - atrum* et *Sclerotium cepivorum*
- Boîtes de Pétri.
- Manche de microchampignon.

- Erlenmeyer
- Milieu de culture de pommes de terre à l'agar dextrose (PDA).
- Eau distillée.
- Autoclave.
- Chambre à flux laminaire.
- Incubateur.

Méthodologie

Préparation des milieux de culture de pommes de terre sur gélose au dextrose (PDA)

Le volume de milieu de culture PDA pour chaque boîte de Petri est de 25 ml, il est donc nécessaire de faire les calculs à partir du flacon de gélose Oxoid Potato Dextrose, de peser la quantité, de l'ajouter à un erlenmeyer avec le volume d'eau distillée requis, de couvrir avec une feuille d'aluminium et de renforcer avec du papier et du ruban adhésif, de stériliser dans l'autoclave avec les boîtes de Petri, une fois la stérilisation terminée, de servir le milieu de culture dans les boîtes de Petri dans la chambre à flux laminaire.

Tests d'antagonisme

1. Dans des boîtes de pétri avec le milieu de culture PDA (Potato dextrose Agar), semer un fragment de *Trichoderma harzianum* avec une poignée de champignon et le confronter avec le microchampignon d'essai pour semer respectivement *Verticillium albo - atrum et Sclerotium cepivorum*, comme le montre la figure 3.

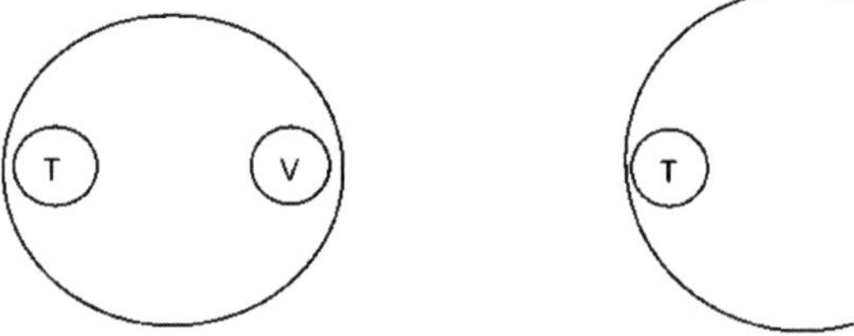

Figure 3 : Schéma de semis, T : *Trichoderma harzianum*, V : *Verticillium albo - atrum*, **S :** *Sclerotium cepivorum*.

2. Laisser incuber à 25 °C pendant 9 jours.

3. **Mesure de l'indice mycélien** Après la plantation du microchampignon, des mesures de la croissance mycélienne correspondant à chaque test *in vitro* antagoniste sont effectuées tous les 3 jours. Pour mesurer l'indice mycélien, nous avons utilisé l'équation proposée par Pérez et, tirée de (Bonilla, 2005), **((MB-MA)/MB)*100%),** où MA est la croissance mycélienne influencée et MB la croissance mycélienne libre (voir figure 4).

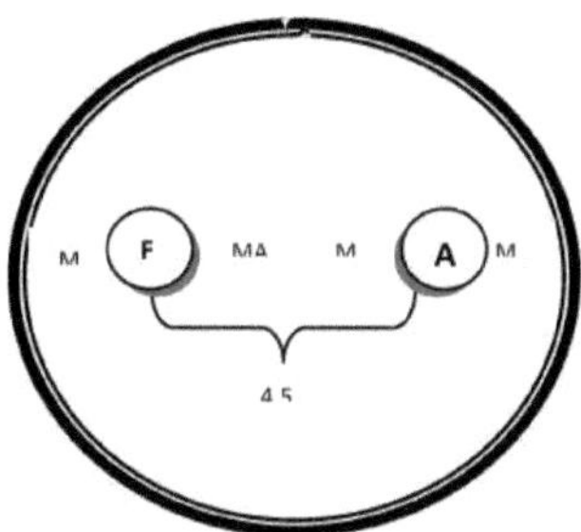

Figure 4 : Diagramme du test d'aptitude, où FP est le microchampignon phytopathogène, A est *T. harzianum*. MA est la croissance influencée, MB est la croissance libre. Tiré de (Bonilla, 2005).

4. Observez les colonies, calculez l'indice mycélien des colonies des microchampignons *Trichoderma harzianum, Verticillium albo - atrum* et *Sclerotium cepivorum*.

5. Surveillez également les structures entre les colonies.
6. Concluez ce qui a été observé.

Questionnaire

1. Voir d'autres tests d'antagonisme *in vitro* entre des microchampignons témoins et des microchampignons et/ou des bactéries phytopathogènes.

2. Voir les tests *in vivo* pour l'antagonisme entre les microchampignons témoins et les microchampignons et/ou les bactéries phytopathogènes.

3. Voir les autres espèces de microchampignons utilisées dans la lutte biologique.

4. Voir les espèces de bactéries utilisées dans la lutte biologique.

Bibliographie

- Bonilla, A. 2005. Stratégies d'adaptation des plantes du paramo et de la forêt des hautes Andes dans la Cordillère orientale de la Colombie. Bogotá. Université nationale de Colombie, Faculté des sciences.

- Caicedo, V., 2014. Évaluation de l'effet antagoniste de *Trichoderma harzianum* contre les microchampignons et les bactéries phytopathogènes du Laboratoire de biotechnologie Cepario - UPN. Travail de premier cycle. Dépt. Biologie. Université pédagogique nationale. Colombie.

- Jimenez, H.M., 2007. Guides de laboratoire d'agromicrobiologie. Université de Pampelune. Faculté des sciences de base. Département de Microbiologie. Colombie.

Cybergraphie

- Contrôle biologique :
https://www.ecured.cu/Control_biologico Date de
révision : 14 mai 2019.

Biofertilisants pour l'amélioration de la croissance et du développement du soja.

Par : Silvia Gómez Daza.

Introduction

Les plantes ont besoin des nutriments de l'air et du sol pour leur croissance et leur développement ; plus le sol est riche, plus elles poussent et produisent des rendements élevés. Cependant, si un seul des nutriments nécessaires est rare, leur croissance et leur production diminuent. Par conséquent, dans l'agriculture, les engrais sont utilisés pour fournir aux cultures les éléments nutritifs nécessaires à l'amélioration de la production.

Un engrais est un mélange chimique, organique ou biologique utilisé pour enrichir le sol en éléments nutritifs et favoriser la croissance des plantes. Pour qu'un produit soit considéré comme un engrais, il est indispensable qu'il soit soluble et chimiquement disponible pour la plante, car sur les 18 éléments nutritionnels considérés comme essentiels pour les plantes, 15 d'entre eux sont pris en solution sous forme d'ions. La forme chimique sous laquelle la plante absorbe tous les nutriments nécessaires à son bon développement est la même quelle que soit son origine.

Les engrais chimiques sont des produits inorganiques obtenus par des processus chimiques, élaborés en laboratoire ou en usine, et peu respectueux de l'environnement ; les engrais organiques sont ceux qui sont produits à partir de la décomposition des restes de matières végétales et animales mortes, et les engrais biologiques ou bio sont des produits à base de micro-organismes bénéfiques présents dans le sol, notamment des bactéries et/ou des champignons, qui peuvent vivre en association ou en symbiose avec les plantes et contribuer naturellement à leur nutrition et à leur croissance, en plus d'être des amendements.

Il existe différents types de biofertilisants : ceux qui produisent des facteurs de croissance, les collecteurs et solubilisants de phosphore et les fixateurs d'azote. Les micro-organismes qui favorisent le développement végétatif sont ceux qui, au cours de leur activité métabolique, produisent et libèrent des substances régulatrices de croissance (auxines, cytokinines et éthylène) pour la plante, par exemple *Trichoderma harzianum, Enterobacter aerogenes, Azotobacter sp et Bacillus mycoides* (González, H. et Fuentes, N. 2017).

Les collecteurs de phosphore ont la capacité d'augmenter la zone de capture et d'absorption des nutriments, principalement le phosphore par les racines des plantes (mycorhize). Les mycorhizes sont des associations symbiotiques ou mutualistes de racines de plantes et de champignons qui permettent d'augmenter le taux d'absorption du phosphore (P) et d'autres nutriments tels que l'azote (N), le fer (Fe) et le cuivre (Cu). Il existe deux types de mycorhizes : les ectomycorhizes et les endomycorhizes. Dans les ectomycorhizes, les cellules du champignon forment une grande

56

de taille, avec une légère pénétration des hyphes dans le tissu racinaire et les endomycorhizes se trouvent principalement dans les arbres forestiers, en particulier les conifères, les hêtres et les chênes, et sont plus développés dans les forêts boréales et tempérées (Madigan, et al., 2010).

Les organismes impliqués dans la transformation du phosphore (solubilisateurs de phosphore) dans le sol comprennent les bactéries, les champignons, les chromistes, les protozoaires et certains nématodes. En général, les microorganismes du sol dynamisent le cycle du P par des processus de minéralisation, d'immobilisation et de solubilisation, qui sont liés à leur métabolisme nutritionnel. Les mécanismes utilisés sont : la production d'acides organiques, la production de protons (normalement associée à l'assimilation de NH4+ et/ou aux processus respiratoires), et la production d'acides inorganiques et de C02- Parmi les genres de micro-organismes utilisés pour la solubilisation, *on trouve : Pseudomonas putida, Micrococcus, Bacillus subtilis, Aspergillus niger,* entre autres (Patiño C. et Sanclemente O. 2014).

Les microorganismes fixateurs d'azote (N) ont la capacité de transformer l'azote atmosphérique en ammonium et donc de le fournir aux cultures. Ce processus se produit par le biais d'une symbiose plante-bactérie. L'une des interactions les plus intéressantes et les plus importantes est celle entre les bactéries du genre *Rhizobium* et *Bradyrhizobium* et les légumineuses (soja, haricots, trèfle, luzerne, etc.). Les bactéries induisent la formation de nodules dans les racines à l'intérieur desquelles le processus de fixation de l'azote a lieu. Dans des conditions normales, si la plante ou les bactéries sont seules, le processus ne se produit pas, il est nécessaire de les associer. La plante fournit la source organique d'énergie nécessaire à la bactérie des nodules racinaires et la bactérie fournit l'azote fixé pour le développement de la plante. Ainsi, les plantes ayant des nodules sur leurs racines peuvent pousser dans des environnements pauvres en azote, là où d'autres sont incapables d'y croire. Sur le terrain, le *Rhizobium* n'est capable de fixer l'azote que dans des conditions d'oxygène microaérophiles contrôlées, au sein du nodule les quantités de ce composé sont contrôlées par la léghémoglobine qui sert de "tampon d'oxygène" en se liant à lui ; la formation de cette protéine est induite par l'interaction symbiotique de ces deux organismes (Madigan, et al, 2010).

En symbiose, la plante possède l'information génétique pour l'infection et la nodulation symbiotique ; le rôle des bactéries est de déclencher le processus. Les étapes de l'infection et du développement des nodules sont les suivantes : a) attraction chimiothérapeutique des bactéries vers la plante, b) fixation bactérienne aux poils des racines, c) invasion des poils des racines par la formation d'une chaîne bactérienne, d) développement bactérien dans les cellules des racines, e) formation de bactéroïdes dans les cellules de la plante et développement de l'état de fixation de l'azote, et f) division cellulaire continue de la plante et des bactéries ainsi que formation de la racine mature (Madigan, et al., 2010).

En plus de la relation légumineuse - rhizobique, une symbiose fixatrice d'azote a lieu entre les plantes non-légumineuses et d'autres micro-organismes. La fougère aquatique (*Azolla*) a la
caractéristique d'être associée aux cyanobactéries des masses d'eau, en particulier Anabaena *[Anabaena azollae)* et fixent ainsi l'azote atmosphérique. Cette cyanobactérie a la capacité de fixer l'azote atmosphérique, atteignant 1200 kg d'azote fixe par hectare et par an dans des conditions optimales de température, de sol et de composition chimique du sol et de l'eau. Pour cette raison, on considère que l'*azolla-anabaena* peut être une source naturelle d'azote très importante dans l'agriculture et qu'elle a été utilisée dans les cultures de riz et de maïs (Montaño M. 2005 et Aldás J., et al 2016).

Objectifs

- Analyser les effets des engrais sur le développement du soja.

- Potentialiser les compétences cognitives et scientifiques.

- Comprendre l'importance des biofertilisants.

- Développer les compétences en matière de procédures.

Matériel

- Soja (3 à 5 par traitement)
- Coton
- Eau
- Quatre conteneurs avec de la terre, un pour chaque traitement.
    Traitement 1 : contrôle (eau uniquement)
    Traitement 2 : engrais chimiques
    Traitement 3 : engrais biologique : biofertilisant *(Rhizobiol* https://repository.agrosavia.co/handle/20.500.12324/20746)
    Traitement 4 : engrais organique (mélange de coquilles d'œufs, de grains de café et de fumier de poulet)

Méthodologie

1. Prenez 3 à 5 graines par traitement.

2. En fonction du traitement, effectuez la procédure suivante :

    2.1 Pour le premier traitement, n'ajoutez de l'eau que lorsque vous trouvez le sol

    presque sec.

    2.2 Pour le second traitement, qui est un engrais chimique, ajoutez-le lorsque la

    plante
        ont 4 vraies feuilles et ajoutent de l'eau lorsque vous trouvez le sol presque
        sec.

    2.3 Pour le troisième traitement qui est avec le biofertilisant (Rhizobiol) qui est
        sous forme liquide à base de bactéries symbiotiques fixatrices
        d'azote spécifiques à la culture du soja, procédez comme suit :
        placez le contenu du biofertilisant dans un récipient propre et
        ajoutez la semence, puis mélangez jusqu'à ce que toute la semence
        soit bien recouverte par le produit. Ensuite, laissez sécher à l'ombre.
        Enfin, semez la graine immédiatement dans le sol.

    2.4 Pour le quatrième traitement, qui est un engrais organique, l'ajouter lorsque la
    plante

avoir 2 vraies feuilles et ajouter de l'eau lorsque vous trouvez le sol presque sec.

REMARQUE : Pour les traitements 1, 2 et 4, il faut d'abord mettre les graines à germer dans du coton humidifié, puis les semer en terre.

3. Suivez chaque traitement chaque semaine pendant deux mois et demi ; établissez le rapport qui comprend le tableau suivant pour chaque traitement :

Traitement (tto)	Semaine			
Aspect à observer et à décrire	Nombre de feuilles	Description de la tige	Couleur des feuilles	Taille et épaisseur de la tige.
Semences avec de l'eau (tto 1)				
Semences avec engrais chimique (tto 2)				
Semences avec biofertilisant : *Rhizobiol* (tto -•3)				
Semences avec engrais organique (tto -4)				

Questionnaire

1. Ecrivez en deux paragraphes les conclusions auxquelles vous pouvez arriver avec les résultats obtenus.

2. Comparez vos résultats avec ceux de vos collègues et, dans deux paragraphes, commentez les conclusions que vous pouvez tirer et expliquez pourquoi.

3. Faites une carte conceptuelle sur le thème des engrais.

4. Expliquer l'importance de l'utilisation des biofertilisants.

Bibliographie

- Gonzalez, EL ; Fuentes, N. (2017). Mécanisme d'action de cinq microorganismes les promoteurs de croissance des plantes Rev.Cieñe. Agr. 34(1) : 17-31. doi :

http://dx.d0i. org/10.22267/rcia. 173401.60.

- Madigan,   M.,Martinko,J.,   Parker, BrockJ   . (2010) Brock, Biologie
les microorganismes. 10 édition. Prentice Hall.

- Montaño M. (2005) Étude de l'application de l'*Azolla Anabaena* comme
biofertilisant dans la culture du riz sur la côte équatorienne. Rev. Tecnol.18(1) :
147-51

- Aldás J., Z. J., Cruz E., Villacís L, Pomboza P., León O. (2016) Effet fertilisant
de l'Azolla - Anabaena dans le maïs (*Zea mays* L.) Effet fertilisant de l'Azolla -
Anabaena dans le maïs (Zea mays L.) *JSelva Andina Biosph.* 4 (2) : 109-115.

- Patiño, C., et Sanclemente, O. (2014). *Micro-organismes solubilisant le phosphore
(MSF) :*
une alternative biotechnologique pour une agriculture durable. Magazine :
Entramado. Yol. N°2 : Université de Libreville, Colombie   .   Récupérée de   :
http://www.redalyc.org/pdf/2654/265433711018.pdf

- *Rhizobiol https://repository.agrosavia.co/handle/20.500.12324/20746*

Buy your books fast and straightforward online - at one of world's fastest growing online book stores! Environmentally sound due to Print-on-Demand technologies.

Buy your books online at
www.morebooks.shop

Achetez vos livres en ligne, vite et bien, sur l'une des librairies en ligne les plus performantes au monde!
En protégeant nos ressources et notre environnement grâce à l'impression à la demande.

La librairie en ligne pour acheter plus vite
www.morebooks.shop

KS OmniScriptum Publishing
Brivibas gatve 197
LV-1039 Riga, Latvia
Telefax: +371 686 204 55

info@omniscriptum.com
www.omniscriptum.com

Printed by Books on Demand GmbH, Norderstedt / Germany